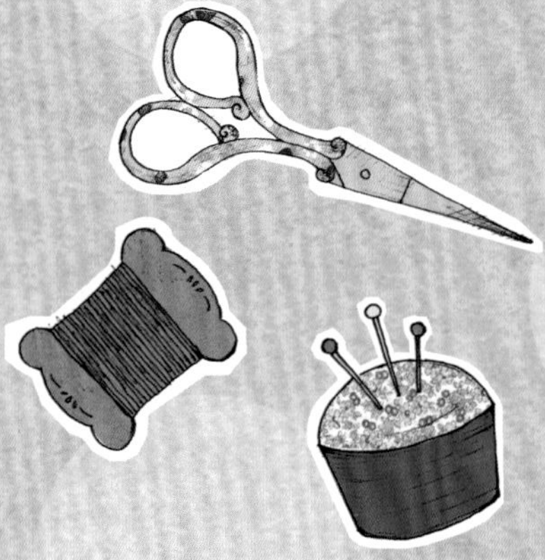

從針線盒至工作室

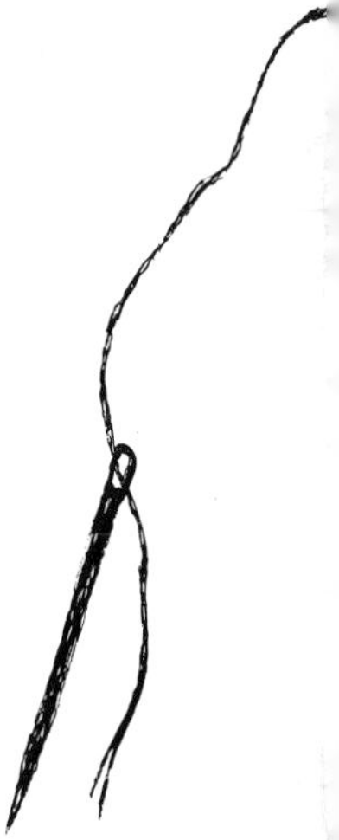

31人的刺繡 Life

十字繡、白線刺繡、小巾刺繡……
31位人氣刺繡家豐富的創作日常

前言

在嶄新的布面上穿針引線，巧繪出千變萬化的各種圖案——
十字繡、白線刺繡、小巾刺繡、自由風格刺繡，
即使手法各不相同，但隨著一針一線的持續繡縫，
每時每刻都在展現全新風貌的刺繡，
這日日涓滴累積的過程卻是如此相似。

本書訪談的對象，包含專職創作者到單純為家人或自己而樂在其中的達人們，
共分享了三十一位醉心刺繡的手作人針線生活。
手工藝傳遞的那份貨真價實的溫暖，
肯定能讓平實的日常生活更加豐美多彩。
何妨試著在31個人物故事的啟發下，在日常生活中加入刺繡呢？

contents

part.2
在日常生活中加入刺繡

Column *Paris report*

拜訪巴黎刺繡家 工作室報導

本書部分文章選自日文版《Stitch刺繡誌》vol.08、11～21，以及日文版《tukutte no.3》的人氣報導，再加筆收錄全新訪談，重新編輯集結成冊。

本書文章內介紹的書籍或圖案集（製作作品參考用的書籍・資料・著作等）皆為個人私藏，因此可能會有現今已絕版等難以購得的情況，敬請見諒。

part.1

人氣刺繡家的工作室

01 小林モー子（maison des perles）

02 岡 理惠子（點與線模樣製作所）

03 北村絵里（coL）

04 吉川亞子（kicca）

05 井上ひとみ（Cartonnage Atelier CuuTO）

06 川畑杏奈（annas）

07 平泉千絵（happy-go-lucky）

08 千葉美波子（kuroyagishiroyagi）

09 新美麻玲（Filosofi）

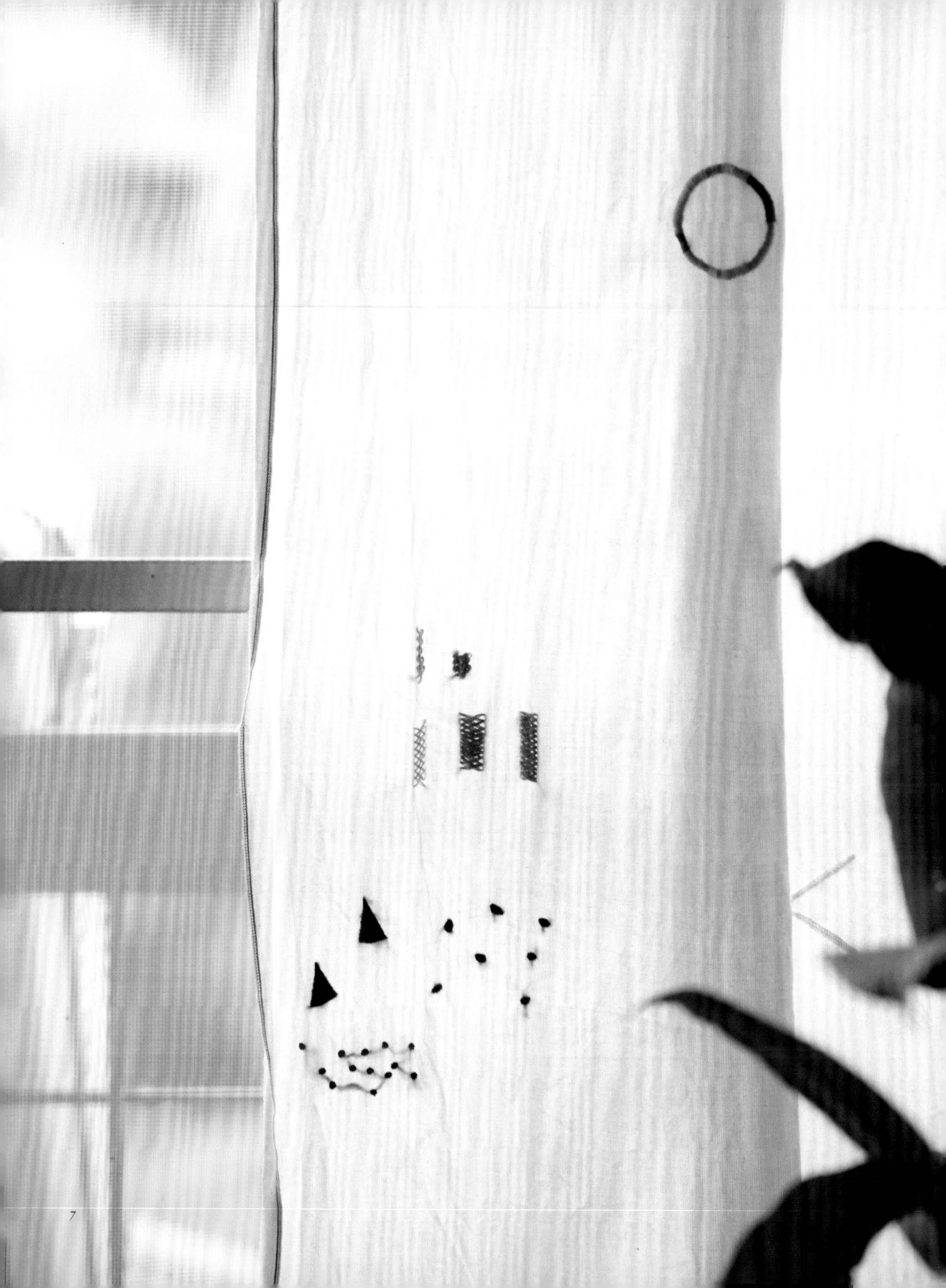

part.1
人氣刺繡家的工作室

01 maison des perles

小林モー子

Môko Kobayashi

姿勢獨特富趣味性的「字母男孩」，加上天然珍珠作為點綴。

作品在各大百貨公司展示販售之外，全國各流行精品店也有銷售。此外也成立高級訂製服刺繡教室，並擔任負責人。

PROFILE
曾於服飾製造商擔任打版師，之後遠赴法國學習高級訂製服刺繡，並取得專業執照。廣泛活躍於飾品製作、廣告行銷等不同業界。
http://www.maisondesperles.com/

將高級訂製服的刺繡技法運用在飾品製作上

以古董串珠（Vintage Beads）描繪出獨一無二的世界

小林モー子小姐採用高級訂製服的刺繡技法來製作飾品。作品使用了遠從法國直購而來的稀少古珠，每一幀皆充滿了童趣之心。

一九九九年，小林小姐在東京・澀谷參觀「巴黎時尚舞台的幕後─Behind the Scenes of Paris Mode─」展覽時，看見高級訂製服刺繡工坊「Ecole Lesage」展現的精湛手工藝。深受感動之下，為了學習被稱為「crochet de Lunéville」的法國傳統串珠刺繡，因而隻身遠赴法國，之後在法國度過了七個年頭。二〇一〇年回到日本自創品牌，獨特的風格很快便引起大眾矚目。「由於不擅長純粹的手作風格，所以才會將目標設定成以首飾為基礎，能為自己帶來樂趣的作品。」盡可能不讓作品流於稚氣，以細膩的串珠精緻鋪陳出寫實的骨架──這點小小的堅持，亦突顯出小林小姐卓越的品味。

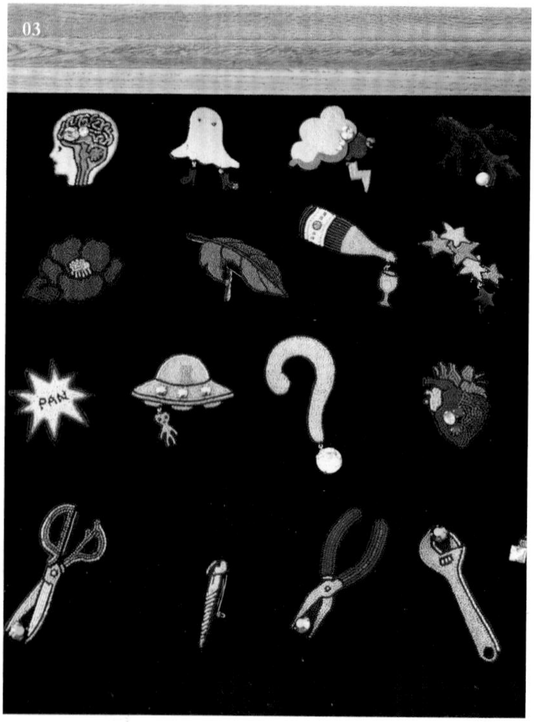

01.整齊陳列在展示櫃裡的刺繡作品，看起來如同真正的珠寶首飾。 02.小林小姐表示「希望大家可以享受隨性組合不同圖案的樂趣。」帶著超現實表情的動物們讓人捨不得移開目光。 03.大眾文化的工具、花朵、妖怪等元素化身為人氣胸針，配件的一部分還會隨之搖晃的有趣設計。 04.使用專用的刺繡鉤針，在繡布背面進行刺繡圖案，正是「crochet de Lunéville」的特徵。

01 Môko Kobayashi

旅法期間邂逅的形形色色物品，每一件都充滿回憶。在跳蚤市場發現的古董勝家縫紉機，是小林小姐留學時實際使用過的物品。

02

03

01

01.採用各種技法完成的高級訂製服刺繡的專題作品。
02.工作室亦有販售原創的刺繡體驗材料組。「因為是以家飾小物為設計主旨，所以就連包裝也相當講究。」
03.使用於作品製作上的極小玻璃珠，主要是1930～50年代製造的古董珠。據說小林小姐每年會親赴巴黎兩次，遊走各個廢工場所在的鄉鎮等處搜尋。

將屋齡40年的老公寓翻修改建而成的工作室。

03
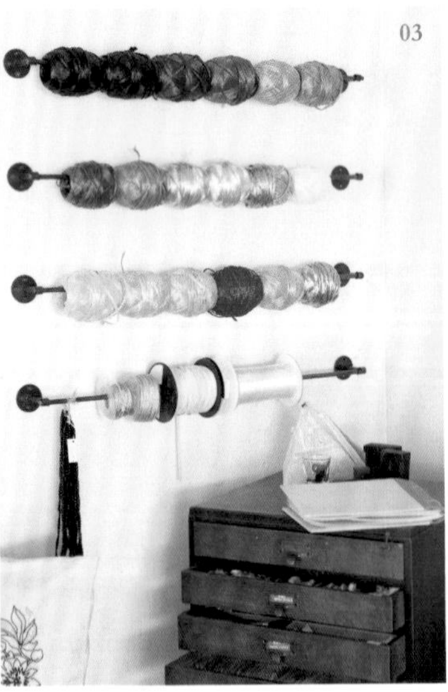

02

01

01.立在牆壁一角的，是被稱為「métier」的專用刺繡框。「可以將真絲烏干紗繃在刺繡框上刺繡。」 02.作為展示空間的區域裡，設置了展示櫃。
03.工作室一角陳列著色彩繽紛的線材與緞帶，彷彿置身巴黎的手工藝店。

01

01.工作室不定期開辦的材料販售日，也對刺繡學生以外的一般人士開放，詳細情況都會在部落格的更新告知。 02.樓中樓的2樓為事務所兼會議討論空間。也是休息時間在此閱讀喜愛的書籍，放鬆小憩的小天地。 03.展示櫃中陳列的物品，是每顆約為1mm的罕見古董珠。

03

02

part.1

人氣刺繡家的工作室

02 點與線模樣製作所

岡 理惠子

Rieko Oka

在自宅工作室設計繡圖中的岡氏。書架上滿是喜愛的世界。

01.設計的圖案以刺繡手法來表現。精準呈現植物特徵的圖案與配色等，再再顯現出岡氏風格的堅持。　02.專為刺繡著作設計的全新圖稿。光是欣賞這鮮豔的用色，便令人感到妙趣橫生。　03.周遭的植物都是重要的題材。經常一邊散步一邊尋找可愛的花朵。

PROFILE

圖案設計師。北海道札幌市出身。以故鄉風景或動植物為題材，進行圖案創作。2015年11月出版第一本刺繡作品書《ten to senの北国の模様刺しゅう》，中文版《清新・自然～刺繡人最愛的花草模樣手繡帖》也在2016年12月由雅書堂文化出版。

將北國大地的大自然凝縮為刺繡圖案

以身旁咫尺近物、放眼所見、伸手可及的一切作為刺繡題材

窗外是一片綠意與小溪的潺潺水聲。岡理惠子小姐的工作室「點與線模樣製作所」就置身於北海道的大自然中。受到擅長編織、刺繡、蕾絲等手工藝的祖母影響，岡小姐從小學起就開始對手作樂在其中。大學畢業後，開始將身旁的森林、風景、動物等作為織品布料的設計主題，同時也將活用圖案製成的手工刺繡作品發表在雜誌等媒體。

「或許是因為北海道四季分明的變化吧，比起模糊曖昧的色調，我更喜歡鮮明亮麗的色彩。從以前就很喜歡刺繡。刺繡時，讓我有一種待在祖母家的感覺。」設計圖案時不是畫在筆記本上，大多是使用手邊現有的紙張背面來繪製。「以輕鬆的方式開始，進展通常較為順利。一開始就正經八百的，反而容易讓思緒停滯。」

經常一邊刺繡，一邊修改設計原稿。如同北國大地般大器不造作的風格，或許正是岡氏刺繡魅力最堅固的支柱吧！

01.在羊毛布料上以毛線刺繡，營造舒服溫暖的印象。　02.使用鮮明翠綠的繡線繡出葡萄圖案。藉由改變緞面繡的方向來增加變化。　03.來自大地的恩惠，蔬菜、魚兒也變成了可愛的題材。以平針繡粗略地填繡出圖案。　04.岡小姐的針線盒。繡線分別纏繞在紙板上，一目瞭然又容易收納。前方的布片則是原創設計的印花布。　05.參考資料包含了圖鑑、設計類書籍、繪本等，豐富多元的類別都是引發系列商品的靈感來源。

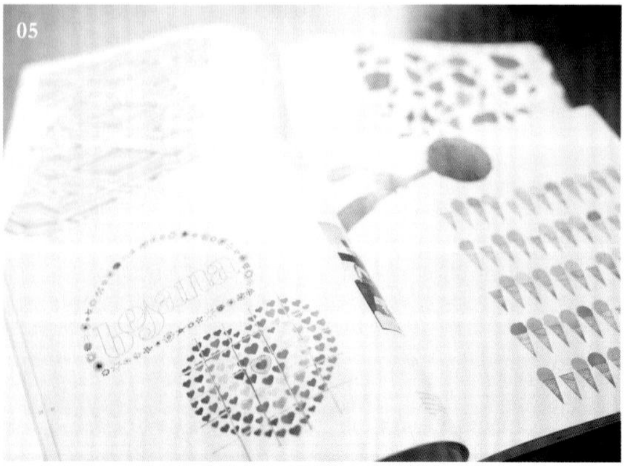

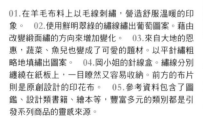

02 Rieko Oka

02

01

04

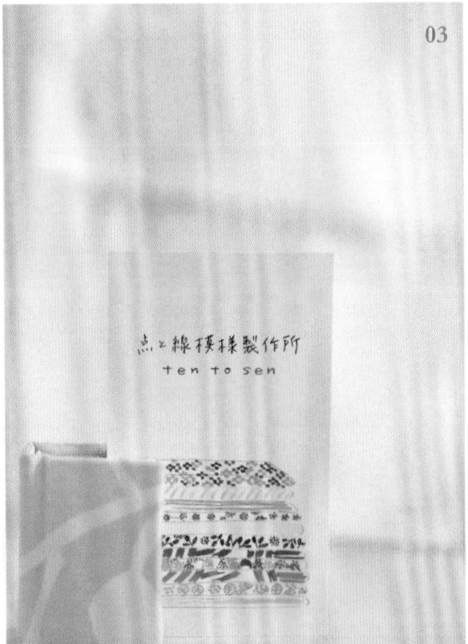

03

01.2014年在札榥市設立了直營店，位於一棟聚集了各種手工藝作家的大樓。 02.店中陳列著岡小姐設計的印花布品，商品上標示的「狐狸小徑」、「雨中情景」等布料名稱也是可愛又風趣。 03・04.將花樣設計成紙膠帶、便條紙、杯墊等一系列的紙製小物，描繪著刺繡花樣的雜貨另有一番魅力。

点と線模様製作所　ten to sen
http://www.tentosen.info/tensen/

參與各種展售活動時，總是迅速一掃而空的飾品。花朵、動物或幾何圖案等簡化變形的設計，令人印象深刻。

PROFILE
曾任職於服裝產業，之後才開始手作的創作活動。經常將生活當下有所感觸的物品圖樣化，製作成刺繡飾品或小物。
http://col-col.net/

part.1
人氣刺繡家的工作室

03 coL
北村絵里
Eri Kitamura

花朵、動物、幾何圖案
將當下的感觸一一圖樣化

一旦浮現設計靈感 立刻動手先試著繡出來

佇立在寂靜巷弄盡頭的透天老屋裡，慢條斯理進行手上繡縫作業的北村絵里，和同為愛貓人士的老公，兩人一貓就居住在這裡。就讀服裝設計學校時，便對刺繡感到興趣，畢業後無論是在服裝產業還是在書店工作，都持續創作刺繡作品。

最初是以波奇包等小物為主要項目，之後才逐漸轉向製作耳環或胸針等小型飾品。「刺繡花樣是以花朵、動物或幾何圖案為主。日常生活中，凡觸目所及或是能引起內心迴響的物品，都會先嘗試著隨意的繡看看。」直到能充分展現自我風格為止，會不斷地重複刺繡好幾遍，並且修正完成方式與結構強度，一點一點的改進以提高完成度。

「對我而言，與其繡得唯妙唯肖，倒不如讓創作的作品能夠激發擁有之人各自的想像力，若是能夠進一步成為心愛而珍藏的飾品，那就是最令我感到開心的事情了。」

前庭綠意盡收的開闊視野，
在綠蔭包圍的工作室裡，靜
靜地繡縫著一針一線。

01.利用各種零星配件組合而成的「碎片耳環」，是由玩具發想而來的設計。三角形繡片加上扇形飾邊與珍珠，色彩繽紛兼具高貴氣質。 02.緞面繡組合串珠刺繡、立體刺繡的技法，完成了立體化的花朵胸針。「不執著於刺繡技法，首先將自己想要表現的形狀或花樣試繡出來，再去考慮針法的選用。」鮮豔亮眼的藍，是北村小姐最喜歡的顏色。

03 Eri Kitamura

01
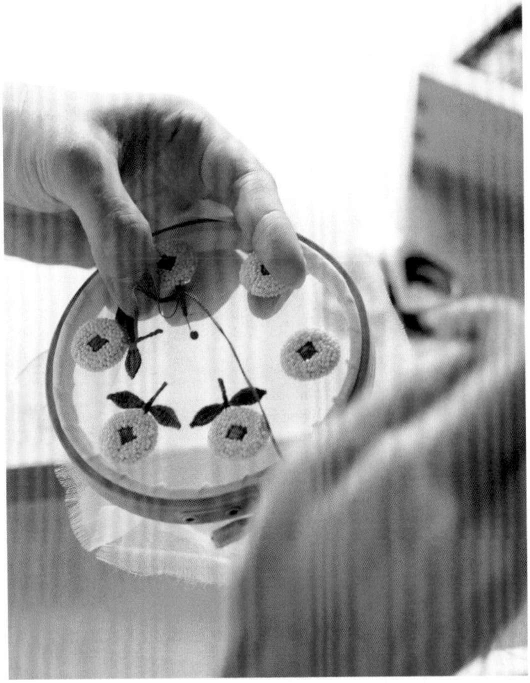

01.「為了讓繡片的背面更加精緻完美，多方嘗試之際，這才突然想起繡在烏干紗上的方法。」 02.結合流蘇或串珠，作出令人愛不釋手的飾品。下方的襯紙也是一張一張手作完成。 03.利用家中現有的木製清酒杯「升」，製作成針插。 04.總是靜靜待在一旁守候的愛貓Konte也是重要的家族成員之一。 05.令人印象深刻的藍色雨傘手拿口金包，是刊載於《Chic Chic vol.7》（三榮書房）的作品。背面則是以別色繡線刺繡。

01.施作在窗簾上，彷彿試繡般的幾何圖案。「懷孕期間無法長時間持針縫紉，所以如同復健練習般一點一點的進行刺繡」。 02.在工作桌前的牆上，釘著許多畫下花草樹木等設計圖案的紙稿。 03.曾在書店工作的北村。將心愛的繪本或圖鑑擺飾在最醒目的位置。 04.為了即將出世的小孩，親手製作的嬰兒包巾。「由於樣式較為簡約，所以特地選了顏色鮮豔的印花設計。」

03 Eri Kitamura

設置於和室一角，北村小姐專屬的工作空間。雜誌剪報或色彩豐富的繪本，將壁面裝飾得熱鬧非凡。「之前無法如願完成的刺繡圖案，也很珍惜地先貼在牆壁上。打算某天靈感一來改良設計之後，再將作品完成。」將圖案以絹印方式印製於布面上，在棉紗布上型染或再加上刺繡等，刺繡以外的技法也在挑戰中。「也許有一天能從事織品設計的工作，是我隱藏於內心的夢想。」

part.1

人氣刺繡家的工作室

04 kicca

吉川亞子

Ako Kikkawa

心愛的民族服飾寫真集，光是欣賞就能感受到心靈平靜的一本書。

01.亞麻小布片上是被稱為「Tvistsom」的傳統刺繡。馬與人物是瑞典最具代表性的傳統圖案。　02.以瑞典的白樺手編籃收納刺繡相關的工具小物，真是再適合不過了。　03.沉穩的藍灰色布料繡上幾何圖案，縫製成木箱的盒蓋。若使用「花線」，圖案會呈現浮凸的立體感。

PROFILE
深受北歐的傳統手工藝吸引，2004年開始以「kicca」為名，展開手作相關活動。著有《ヴィストソムと北欧刺繍》（文化出版局）。
http://kicca.jp/

重新審視自己的「喜好」最終讓我摸索到了北歐刺繡

喜愛在木質溫潤的包圍下度過恬靜的時光

既細膩又令人感到有點懷念——這就是吉川亞子小姐作品給人的第一印象。透過一個個作工細緻的作品，傳達手藝與她毫不保留的真摯處事態度，以及細膩的人品。

剛開始進行手作作家活動時，正是東歐與北歐刺繡處於物以稀為貴的時期。富有民族風格的作品立刻成為眾所矚目的焦點，但是就在訂單源源不絕到來之際，她突然有股想要停下來重新檢視自己的衝動。身旁眾多炫麗色彩的室內擺飾，也開始逐漸轉變，朝向簡約、恬靜的風格。

自從對北歐產生興趣後，也開始更進一步的關注世界各地的傳統刺繡，並陸續蒐集古本圖案集自學。甚至也曾經從老織品中獲得刺繡圖案的靈感。在樸實的木作雜貨擺上一幅手作刺繡的壁飾。在漫長冬季的國度裡，一針一線慢慢茁壯發展的手工藝，似乎隱含著能夠療癒身心的不可思議力量。

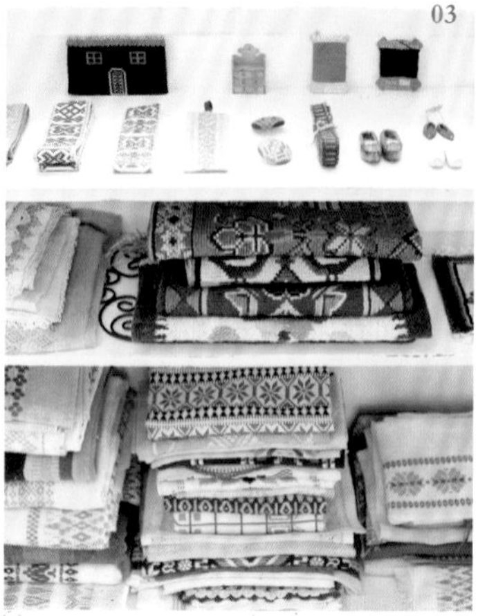

01.裝飾在窗邊的刺繡壁飾與織品。　02.展示櫃裡擺放著迷你鞋的收藏品。最前方以皮革製成的鞋子是來自愛沙尼亞的伴手禮。　03.每件都獨一無二的刺繡布品與織物收藏品。　04.擺放著北歐古董縫紉桌與裁縫箱的工作室。與雜貨一起陳列的織物和圖案集，令人再三玩味。05.「一旦沉醉於刺繡縫紉，就常常渾然忘卻時間的流逝。」

04 Ako Kikkawa

01．03依據製造地或年代的不同，刺繡花樣與織法可說是千變萬化。單純的欣賞似乎已無法滿足，不如掛飾於牆面，或是作為椅套來使用。 02.因為特別喜歡木製品，所以就忍不住下手收藏了貓咪造型的鹽罐「牠那張不怎麼可愛的臉，特別吸引我。」

01.關於瑞典傳統手工藝之一「Naversom刺繡」的書籍。藉由將織線拉出再纏繞的技法，作出蕾絲般的纖細質感。 02．03刺繡上多使用較能呈現手感的花線或羊毛線。「光是看到線材的樣品簿，就讓我躍躍欲試了。」

part.1

人氣刺繡家的
工作室

05 Cartonnage Atelier CuuTO

井上ひとみ

Hitomi Inoue

為了展示作品，特地花費不少心思，在壁面上設置了幾處小層板。

日文版《Stitch刺繡誌vol.19》封面
主角的法式布盒裁縫箱。

PROFILE
法式布盒創作家。以位於東京都澀谷區的工作室為據點，開設法式布盒教室。著有《カルトナージュBOOK》（日本VOGUE社）。
http://www.cuuto.jp/

在法式布盒上加入刺繡

想要製作既便利又可愛的生活雜貨

擅長設計華麗又可愛的布作，並且令人印象深刻的井上ひとみ小姐。結合了法式布盒和十字繡的作品令人愛不釋手，深深擄獲了群眾的心。

「開啟我創作活動的契機，其實是因為十字繡。」井上小姐如是說。起初是熱中於收藏國外人氣作家的圖案，以及收集繡線。然而光是陳列擺飾並無法滿足她，就在轉而想要製作能夠實際使用的作品之際，邂逅了法式布盒。據說陳列在起居室層架上的作品，全都作為實際使用的收納盒。只要打開盒蓋，工具、材料、裁縫用具，皆井然有序地收納著。

「將法式布盒作為居家裝飾的點子，來自於家飾購物中心。光是構思『如何將實用器具妝點得更可愛』的過程就很有趣。可以在生活中使用這點，就是法式布盒最有魅力的地方。若是往後也能繼續構想，設計出不僅能作為擺飾，還可使用並兼具樂趣的生活雜貨，那就太好了。」

01.工作室兼住宅起居室的空間。寬敞的工作檯是以集成板搭配彩色收納櫃，手工打造而成。　02・05井上小姐表示：「這裡看到的所有作品，皆是實際使用的收納盒。」圖為刊載於著作《Cartonnage Book》的布盒，目前是相機鏡頭的收納盒。　03.作品的製作方法都放在檔案夾裡歸納整理。　04.創作作品時的參考用外文書籍。聽說有很多靈感來自於室內擺飾或工具。　06.工作桌下方為布品庫存區。

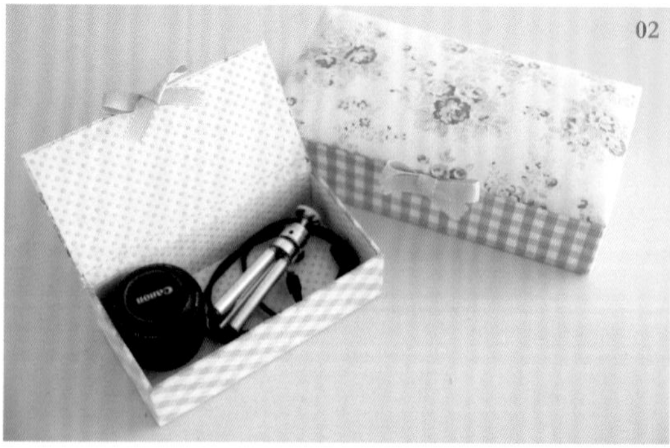

05 Hitomi Inoue

02

01

01.不同顏色的法式布盒文件箱裡，收納著鑲邊飾帶或紙膠帶等。 02.搭配室內裝潢的風格，將燈罩漆成粉紅色，絨球緣飾更增添幾許華麗感。 03.運用喜歡的布料將椅面盛裝打扮。 04.正好能將「SAJOU」線材完整收納的法式布盒，是刊載於日文版《Stitch刺繡誌vol.16》的作品。盒內的花體字刺繡是法語「縫」之意。緞帶上特地縫製的鈕釦，成了方便夾放針線的巧思。

04

03

起居室的牆面，放滿了至
今為止親手製作的各款
新、舊作品。

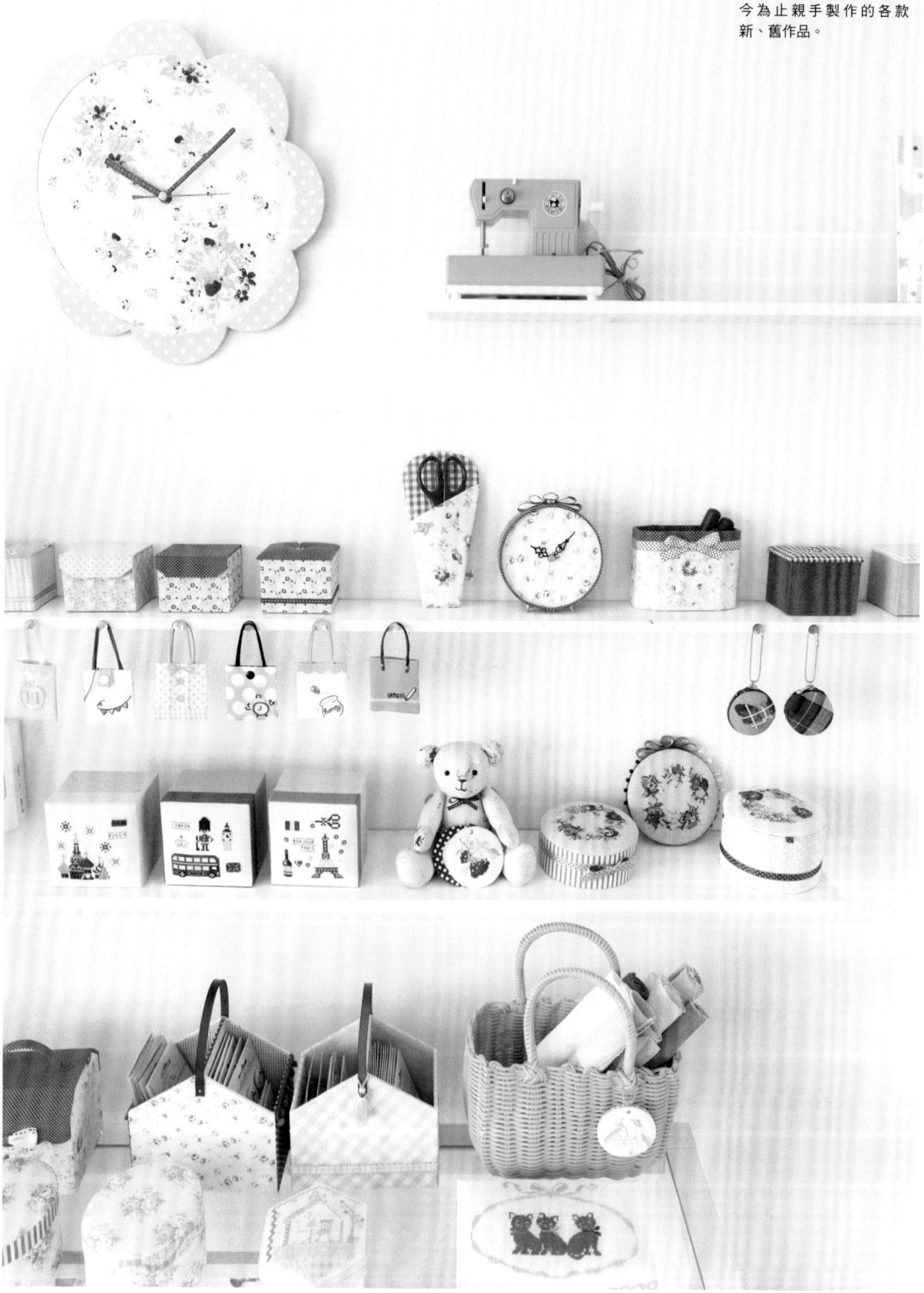

05 Hitomi Inoue

02

01

04

03

05

01.在彩色亞麻布繡上紫羅蘭花朵的珠針針插。 02.令人耳目一新的格紋蝴蝶馬卡龍吊飾，收錄於《小小刺繡的波奇包與馬卡龍零錢包》（日本VOGUE社出版）。 03.以法式布盒方式製作的攜帶式鏡子，其上以可愛的十字繡點綴。 04.巴黎、倫敦等地標圖案，來自於DMC的刺繡圖案組合包。 05.以粉色系繡線繡製而成的房屋圖案（01・03～05分別刊載於日文版《Stitch刺繡誌》vol.13、14、16、21）。

part.1

人氣刺繡家的工作室

06 annas

川畑杏奈

Anna Kawabata

被老件家具與復古雜貨包圍的空間。「每一件都是重要的靈感來源。」

工作室一隅陳列著古樸的舊抽屜與展示櫃。日積月累收集而來的食器，每個都散發著濃濃的懷舊氛圍。

PROFILE
具有故事性的迷你圖案深受大眾喜愛。定期於東京、大阪、神戶等地開辦刺繡教室授課。除《annas的小小刺繡》（日本文芸社出版）之外，另有數本著作。
http://twutea.web.fc2.com

想要訴說存在於刺繡背後那個世界的故事

以刺繡描繪的小小世界

原本就很喜愛繪畫，高中時代還是美術社一員的川畑杏奈小姐。在展開創作活動之後不久，為了突顯布作小物的獨創性，於是想到在作品繡上自我風格的單品圖案。

「刺繡與繪畫其實十分相似。因此，我覺得只是以針線取代畫具與畫筆，描繪出一幅幅畫作罷了。」

而這樣的川畑小姐，如今則是熱衷於刺繡動畫的創作。「自己的作品若是能夠動起來，應該會滿有趣的吧！這就是開始創作的動機。一格一格的分鏡畫面，全都是純手工逐一繡製，雖然得耗費大量精力，但完成時的喜悅卻也是言語無法形容的。」

即使是一個小小的單品圖案，也能感受到其中的故事性，這就是川畑小姐作品的特色。「每當我創作之時，總是思考著要如何傳達，存在於刺繡背後的那個世界。」每當拿起川畑小姐創作的作品就令人雀躍不已的祕密，或許就隱藏在這裡吧！

01.藍色門片打造出搶眼的收納櫃，雜貨與作品一同陳列其上。 02.可愛的刺繡徽章，是專為小朋友們量身設計的小物。出自於著書《annas的簡單刺繡&學校布小物》（美術出版社出版）。 03.繡線按顏色分別收納於古舊的抽屜櫃裡。參加工作室課程的學員，可在現場直接購買。 04.洋溢著懷舊氣息的和室，是川畑小姐最喜愛的空間。在單人座沙發上，靜靜享受刺繡的樂趣。

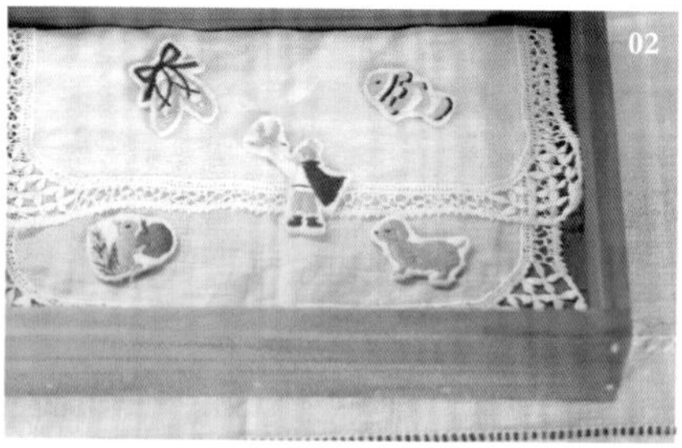

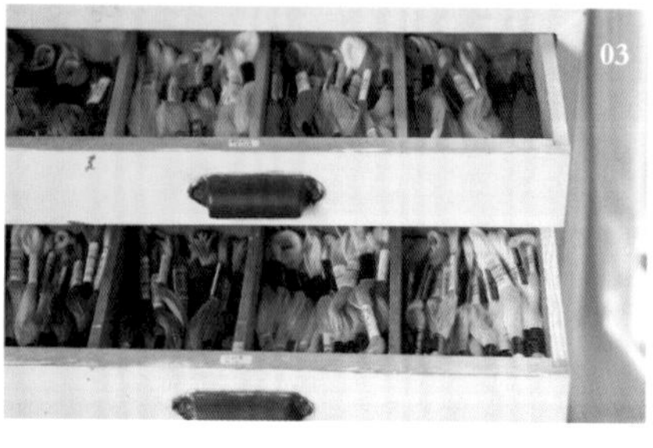

06 Anna Kawabata

02

01

04

03

01.裱框展示的刺繡作品，為著書《annas的小小刺繡圖案》（Boutique社出版）的封面作品。 02.繡著熱氣球、船、汽車等交通工具的刺繡樣本，刊載於日文版《Stitch刺繡誌vol.14》（日本VOGUE社出版）。 03.將《拇指姑娘》的其中一幕收入相框裡。 04.以「長襪子皮皮」為主題，充滿躍動感的刺繡，出自於《北歐的刺繡》（日本VOGUE社出版）。全部都是川畑小姐原創設計的作品。

03

01

02

01.設計新穎的長方形口金筆袋，是由Vintage Fabric北歐印花布，與松鼠、刺蝟的刺繡布拼接組合而成。　02.鬆餅狀的小粉盒與馬卡龍零錢包，只要更換圖案就能持續製作出無數個。　03.在塑膠網片上刺繡，作成小巧的的繡片。

part.1
人氣刺繡家的工作室

07 happy-go-lucky

平泉千絵

Chie Hiraizumi

從小巧繡片到樣本刺繡
專為成熟女性設計的可愛十字繡

動物圖案的存在是不可或缺的創作元素

彷彿就要一躍而出，平泉千絵小姐的動物圖案十字繡，就是如此樂趣滿溢。繽紛的色彩、優雅的姿態，每個主題的作品都能讓人窺見各自不同的多面表情，也勾起了心底的少女情懷。「我原本就很喜歡手作，以前就常使用Vintage Fabric北歐印花布來製作小物。為了想要展現出專屬於我的獨創風格，最終找到的就是十字繡。」

最初是以字母及東歐風的圖紋為重心，之後才漸漸轉變致力於原創圖案上。有著萌萌表情的動物圖案，現在已是平泉小姐作品中不可或缺的主角。

平泉小姐構思圖案時，會一邊在筆記本上速寫草圖，一邊延伸擴展想像的圖案。隨著原創圖案的增加，期待新作的人也跟著變多，而這似乎也成為一股激勵她的力量。「雖然現在孩子還小，還有很多事情沒有辦法隨心所欲的實行，但想必今後，還是會持續創作充滿我個人風格的新作。」

PROFILE

為成熟女性設計優雅中帶著可愛的作品。以此主題製作、販售十字繡的圖案繡片與小物。現以手作雜誌與書籍為重心活躍中。
http://chocobanana.littlestar.jp/shop/

擺飾於工作室一隅的作品。雛菊花樣的口金包，背面還設計了面紙套的收納夾層。

01.大量的繡線依廠牌分門別類收納於木箱中。使用時可整盒移動拿取。　02.拿著花束奔跑的小熊與追趕在後的兔子身影，一幅格外可愛的繡圖樣品。「即使是在設計小圖案時，也經常在腦海中構思著故事。」　03.「我喜歡俄羅斯白樺木盒Bélesta或是木製線軸收納架這種，感受得到手工藝本身溫潤感的懷舊雜貨。」　04.作成法式布盒盒蓋的十字繡圖案，分別以「睡美人」與「美人魚」為主題設計。一邊與線材的樣品簿對峙，一邊思考著作品風格來進行配色，也是極富趣味性的工作。　05.等待出場的小布片，全都摺疊成小塊狀收納在抽屜裡。為了方便配布，收納方式特地花了一番工夫。　06.還沒用完的繡線或零星線材都先裝入玻璃瓶裡，珍惜的使用到最後。

07 Chie Hiraizumi

01.構思圖案或進行刺繡的時間，通常是利用白天作家事或帶小孩的閒暇之餘。至於縫製則是等到家人都入睡的夜晚，再集中作業。 02.玻璃罐裡裝了滿滿的寶物，從小片的碎布、包裝用的線材，甚至是玩偶等等。「不但方便隨時欣賞，還具有防塵的功能，真是一石二鳥呢！」 03.抽屜裡存放了平時抽空完成的刺繡布片。這些都是預定製作成聖誕節裝飾的材料。 04.蒲公英的十字繡。據說大部分的作品都是先繡製圖案，之後再考慮作成何種物品。 05.平泉小姐的工作空間。桌子和收納層架的擺放配置，全都是以順手度為先決條件。「雖然僅有一點點的空間，但還是盡可能把喜歡的東西全都放進來了。」

part.1
人氣刺繡家的工作室

08 クロヤギシロヤギ

千葉美波子
CHIBA, Minako

放滿了大量材料與雜貨而顯得狹小的工作室，洋溢著閣樓般的氛圍。

01.可說是代表作的字母造型貼布縫繡片。「心中思念著某人一邊刺繡，或一邊挑選。光是拿在手上，心裡便滿是暖意。」 02.以粉彩色系刺繡的酒杯和咖啡杯圖案。

PROFILE

英文字母圖案設計師，以字母繡或雕繡為主要作品。著有《英文字母的刺繡手帖》（ソシム出版）。

http://kuroyagishiroyagi.com/

自由刺繡與雕繡的組合技法，令人耳目一新！

拋卻技法框架 自由自在的刺繡風格

可愛的圖案加上繽紛絢爛的色彩。從千葉美波子小姐豐富感受性與自由發想中誕生的刺繡作品，無論在手作活動或商店裡都大受歡迎。

千葉小姐談到，創作初期主要是製作書籤、藏書票、書套等，書本與信紙相關的紙製品。「那個時候，我總是拿著自己繡製的手作包到處跑。某場活動中的客人看了很喜歡，因而直接跟我訂購作品，以此為契機，往後透過網站向我客製的訂單便逐漸增加了起來。」

一邊參考書籍一邊學習刺繡的時期，千葉小姐察覺到即便使用相同的刺繡針法，仍然會有各種不同的作法，於是下定決心不去上相關課程，貫徹自學之路。「這樣的方式能夠讓我更自由的創作作品，現在回想起來，還滿慶幸當初的決定。構思圖案時也是不先決定顏色就直接試繡。不拘泥形式，隨心所欲地進行刺繡，就是我打造個人風格的祕密。」

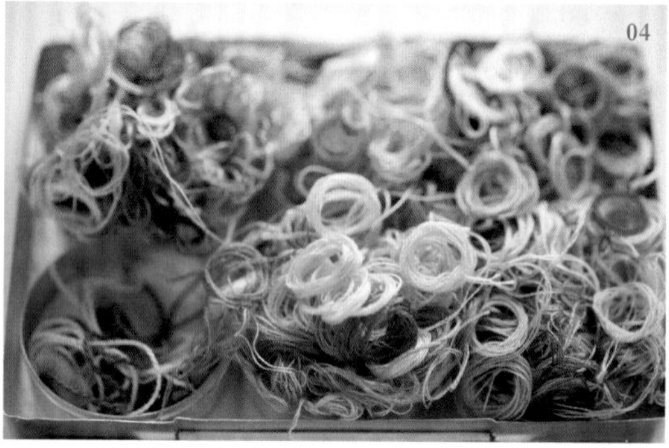

01.手作提袋上繡著各種不同樣式的藤籃。右上方的文句字樣，也是以藤籃為概念來設計。　02.各色菇類與松鼠的刺繡，構成了畫面有趣的萬用袋。　03.專為工作室刺繡課程所構思的動物繡圖。以書本封面作為構圖的概念，再製作成提袋。　04.「將剩餘的零星線材一圈圈地繞成圓圈狀，並且依顏色分別收納，就不會造成浪費。」　05.千葉小姐的愛書們。「每當閱讀一些與刺繡毫不相關的書籍時，往往會浮現意想不到的靈感。」

08 CHIBA, Minako

緞帶、串珠、蕾絲花片等，許許多多的素材分門別類裝入玻璃瓶之後，陳列於窗邊作為裝飾。繡著「HAPPY BIRTHDAY」的三角旗，一個個文字都化身為祝福的蛋糕。以刺繡框取代畫框的雕繡作品，是現在花費最多心力的項目。「在烏干紗之類的薄布上重疊不同材質的布料，進行刺繡。透過刺繡圖案的間隙能夠看到另一側，也是吸睛重點。懸掛起來裝飾更是樂趣無窮。」

09 Filosofi

新美麻玲

Marei Niimi

收拾得清爽整齊的工作室，玩具貴賓犬小紅豆隨時陪伴在側。

01.以最喜歡的童話故事《不萊梅樂隊》為主題所設計的迷你擺飾。 02.踏著自行車的熊熊模樣極富幽默感，這是慶賀日文版《Stitch刺繡誌vol.20》（日本VOGUE社出版）創刊10周年特別製作的針插。

PROFILE
以身旁周遭的植物、動物或故事書的世界為主題，製作十字繡。在部落格發表新作品的同時，也一併販售原創繡圖。
http://filosofi.jugem.jp

透過十字繡的畫面
表現出樂趣十足的小小世界！

閱讀、散步、平實的日常生活 全都成了創作作品時的靈感來源

擅長以可愛的動、植物圖案與童話故事為主題，製作十字繡的花樣圖案。溫暖熱情的色調，描繪出新美麻玲小姐獨特的刺繡世界。「設計的靈感經常湧現於與愛犬．紅豆散步時。或是眺望白楊行道樹之時，或是觀察野鴨母子時，或來自鄰居飼養的山羊，或路邊盛開的花朵等，望眼所及之處，全都是我創作的靈感來源。」

新美小姐表示：相較於實際進行刺繡，構思設計的時光更為有趣。在動手繡縫的時候，腦海中不斷湧現一個又一個的創意，也是常有的事。

「將小小的點與點連接起來，就能創作出一個世界，總而言之這個過程相當有趣。以童話等故事為主題時，我會先閱讀單純的文字書，並且試著在心中重新建構出整個故事。囿於畫框或針插等空間有限的作品，就是考驗實力的時刻。當然，完成的成就感也格外令人滿足。」

上・將《愛麗絲夢遊仙境》登場的白兔先生與柴郡貓等角色，設計成點陣風格的刺繡作品。「一邊閱讀理解故事精髓，一邊找出關鍵詞句，再將各自的特徵加進圖案裡。」　下・從《不萊梅樂隊》的故事中選擇喜愛的場景，再以十字繡的方式表現。當目光隨著每一格畫面移動時，彷彿被拉進了童話的世界裡。「花了好幾個月才完成的大作，感覺就像自己的孩子一樣可愛。」

09 Marei Niimi

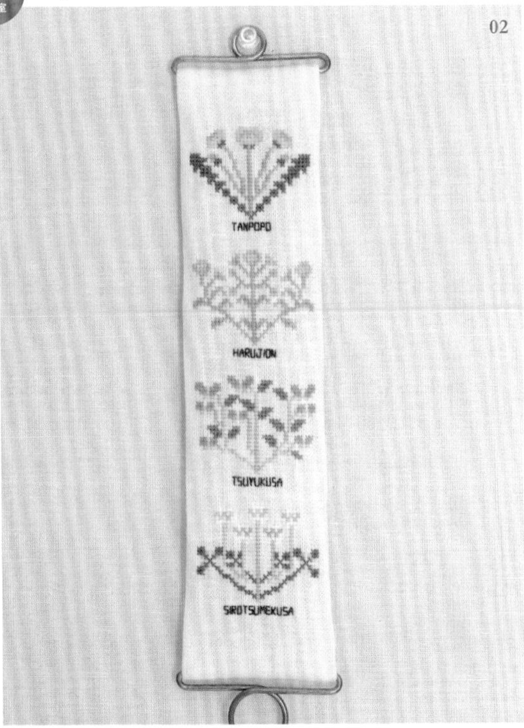

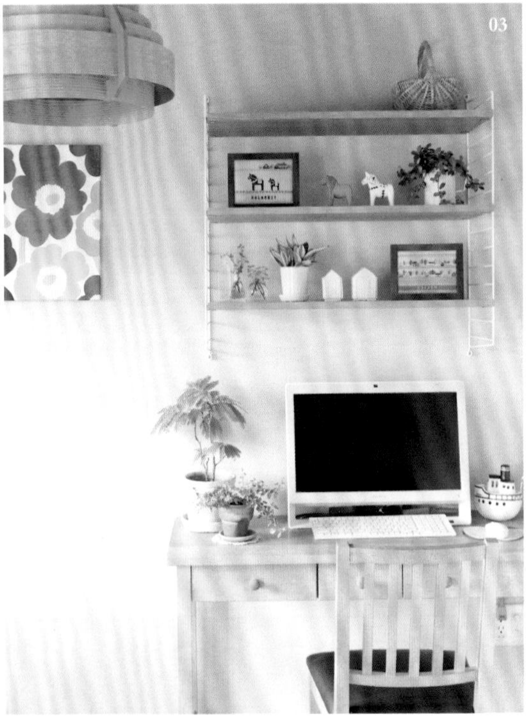

01.以《拇指姑娘》為主題的作品。「使用花線，營造出優美柔和的氛圍。」　02.蒲公英、鴨跖草、春飛蓬等，這幅描繪出盛開於田野間的花朵刺繡，曾刊載於《北歐的刺繡》（日本VOGUE社出版）一書。　03.與丈夫共用的電腦。層架上展示的十字繡，繡著瑞典街景與達拉木馬。　04.織紋明顯的亞麻帆布上，點綴著鬱金香與蕾絲花樣，可當成藤籃的防塵布。

01.綿羊、花圈、蝴蝶結等，小巧圖案讓人愛不釋手的針插。「進行壁飾等大型作品的空檔，就會忍不住想要製作這種小物。」 02.全面施行十字繡的房屋形針插，就連大門、國旗等小細節也毫不鬆懈的精緻設計。達拉木馬的珠針也是毛氈布的手作品。 03.為了方便拿取，喜歡且常用的道具全都收納在藤籃裡。「針插上繡著散步時發現的蒲公英。」

09 Marei Niimi

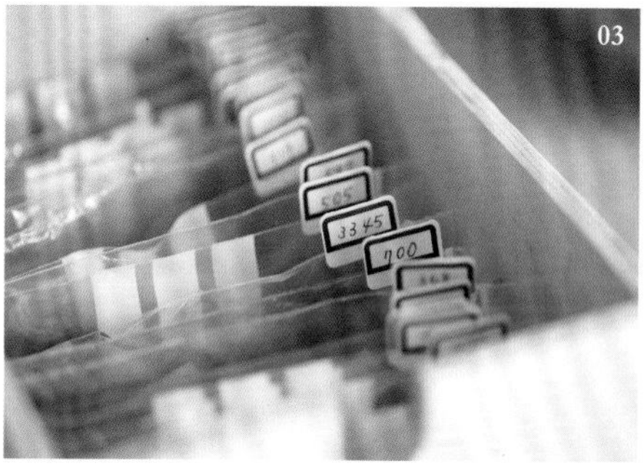

01.鮮豔多彩的線材與雜貨一起擺放在層架上，增添了幾分樂趣。 02.蕾絲與緞帶依種類分別收納在抽屜裡。 03.數量眾多的繡線，使用IKEA的迷你盒來收納正好合適。「將還沒用完的線材放入袋子貼上標籤，按顏色分別整理就能一目瞭然。」 04.陳列於工作室層架上的作品與雜貨，展現了雅致的品味。 05.作品的整體構圖定案之後，就進一步使用電腦完成圖案。 06.將銀蓮花圈進了小小的相框裡。

part.2

在日常生活中加入刺繡

01 永瀬充子

02 植木友子

03 薗部裕子

04 大木由紀

05 外山香織

06 sachikogin

07 伊東不二子

08 池山惠子

09 内藤純子

10 ナカダミエコ

11 植木理絵

12 てらしまよしこ

13 町田京子

14 西川ゆかり

15 淺賀菜緒子

16 鈴木真紀

17 田村里香

18 井崎美穗子

19 小田志保

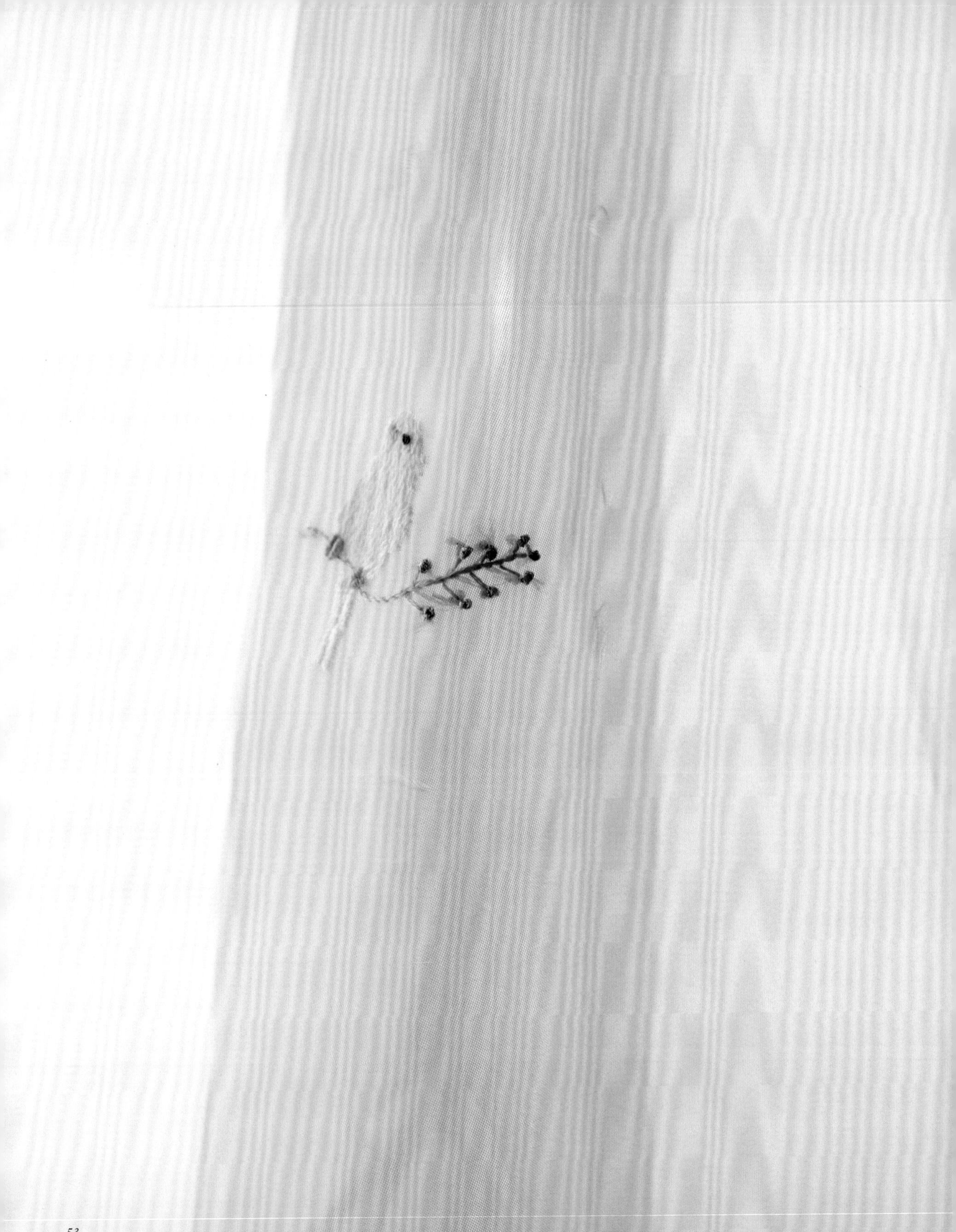

不論製作多少個都不覺得膩的針插。從幾何圖案到花體字母，作品可以千變萬化。

part.2
在日常生活中加入刺繡

01 永瀨充子

在繁忙家事的閒暇時刻 藉由十字繡喘口氣

01.一有時間就刺繡。「也曾經因為太過專注，而不小心讓麵包發酵過頭。」 02.木質的球型針插，是與P.56的**04**不同顏色的同款花樣。「已經忘我到是否繡出了十字型圖案都不清楚，只顧著專注在小小針目中刺繡的樂趣。」

只是心無旁騖地刺繡 內心就能得到平靜

放在手中也顯得小巧的針插上，有著令人屏息的纖細十字繡——這些都是從永瀨充子小姐手中誕生的可愛小物。

「變得如此著迷於十字繡的契機，是在先生調職的時候。」永瀨小姐帶著懷念的語氣回想。「自己的個性極度怕生，加上次子剛出生不久，幾乎不得閒只能待在家中，只好靜靜地穿針引線，後來又發生了東日本大地震……」對當時的永瀨小姐來說，只有進行十字繡的時候，才是唯一能夠心無旁騖、自我療癒的時間。

「無論是繡線交錯的瞬間，還是那漸漸累積成形的喜悅感，或只是換個顏色、改變圖案方向，整個印象就因此變得不同，這點也很有趣！更重要的是，刺繡完成的作品真是可愛的不得了！對我而言，不論從前或現在，十字繡都是能使心靈感到安詳，魔法般的存在。」

01.有如刺子繡般、帶著纖細幾何學圖案的針插，與白樺小盒子的完美搭配。據說使用「MISHUYA」的刺繡針（寸一）會非常好繡。
02.以東歐風的橫條圖案作為抱枕套的設計。
03.八角星形與花朵的組合圖案，是已經改變配色或大小刺繡許多次的花樣。 04.「比起使用刺繡專用的平整布料，我更偏好在彷彿經過搓洗、簡樸自然風的亞麻布上刺繡。」永瀨如此說著，一邊稍稍改變配色，一邊在亞麻布上作刺繡測試。
05.完成的作品，也會在手作市集之類的活動中販售。 06.以匈牙利古老麻布為藍本的廚房布巾，關鍵在於褪色般的用色。採取4×4針不緊密的刺繡手法，完成了帶有簡樸氛圍的作品。 07.十字繡與蘇格蘭格紋的組合，令人耳目一新的彈簧口金包。 08.只要將單獨的圖案排列刺繡，就能變身為連續花樣。「對於喜歡的圖案，我會嘗試以不同顏色繡上好幾個」，於是縫製了茶壺隔熱墊。
http://tenkinlove.blog62.fc2.com/

01 永瀨充子

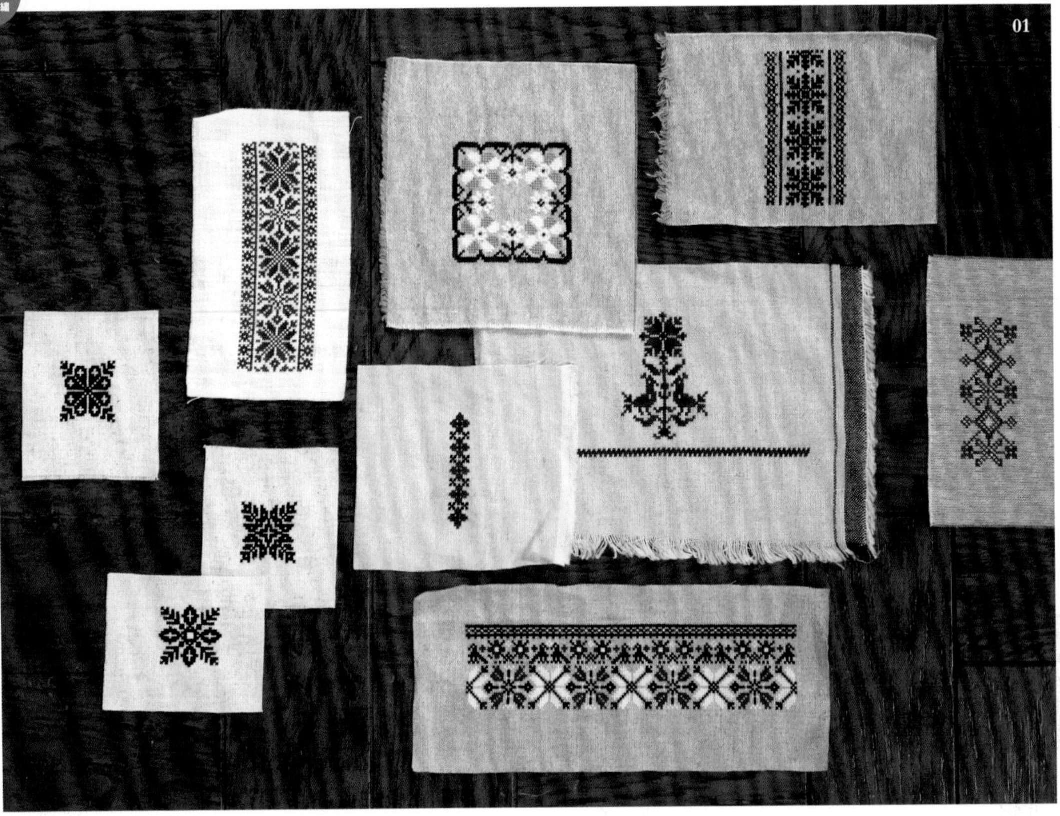

01.將東歐的古老圖案集重新演繹的刺繡作品。以單色刺繡，或雙色並用，只要在配色多下點功夫，樂趣將無窮無盡。　02.將繡線放進夾鍊小袋，按顏色分別收納。愛好使用無光澤質感的「MATALBON」繡線。
03.心愛的匈牙利古老圖案集。聽說也經常參考北歐的編織書籍。
04.在遊戲房一角設置了小小的工作室區域，「夢想著有一天能擁有專屬於自己的工作間。」

鐵瓶（生鐵茶壺）圖案，是植木小姐以日本東北為主題所設計的原創刺繡圖案。

part.2
在日常生活中加入刺繡

02 植木友子

小巾刺繡不知不覺地成了畢生的事業

一針一針全心傾注思緒 牽動手中作業

每每拉線之時，都可以隱約聽見穿針引線所發出的微弱聲音。在一段又一段的刺繡當中，逐漸形成了連續花樣——簡樸之中隱隱帶著凜冽美感的小巾刺繡，深深擄獲了所見之人的心。以ハリノヲト（Harinoto）為名活躍於手作界的植木友子小姐，也是小巾刺繡的俘虜之一。「從雜誌上得知小巾刺繡的存在時，『原來有這種手工藝啊！』而受到了不小的震撼。對於秋田縣出身的我而言，故鄉附近有著自古以來便為大家所熟悉的手工藝這點，讓我備感親切。於是迫不及待想要挑戰看看，當下就在現有的布料上試著刺繡，這就是一切的開端。自此以後，小巾刺繡就成了我一生的志業。」

據說「ハリノヲト」包含了「針之音」與「針之記錄」這兩種意思。「從人們的生活中誕生的小巾刺繡，簡直就是『實用之美』的代表。期望能盡自己微薄之力，將小巾刺繡的魅力傳達給更多人知道。」

01.將傳統花樣組合刺繡的布包，是參考《小巾刺繡之書 津輕的民藝刺繡》（文化出版局出版）製作的。山葡萄的藤編提籃購自於「Craft fair 松本」。　02.細心雕刻著「ハリノヲト」字樣的看板，是長子在小學六年級時製作的寶物。　03.鮮豔多彩的和服腰帶釦飾，宛如針與線孕育而成的寶石。　04.在常用提袋上施作的連續花樣是算盤繡的應用，植木將之命名為「雪之花」。
http://harinoto.blog119.fc2.com

02

01

01.設置在廚房一角的工作空間。「雖然只是個小小的角落，但因為可以一邊準備晚餐一邊進行手作，其實相當方便。」
02.將P.59 **04**的圖案以五彩繽紛的繡線分區塊刺繡，作成萬用的防塵布，「雪之花」是植木最喜愛的花樣。

03

02

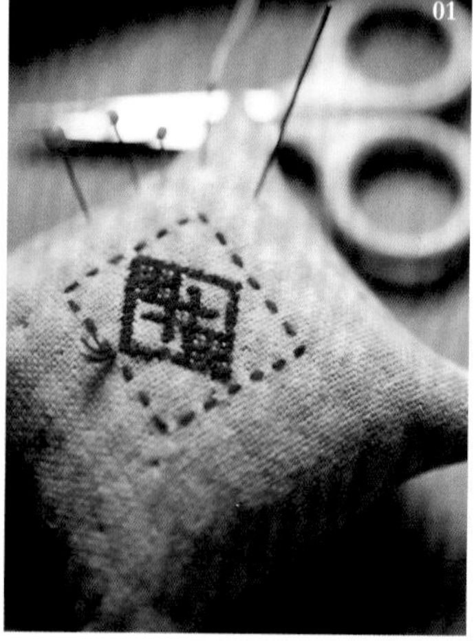

01

01.第一次挑戰小巾刺繡的針插。「當時連使用哪種布料較適合都不清楚。竟然在這種緊密的布料上刺繡，現在想起來真是魯莽呢！」 02.植木小姐的原創圖案。「青森的蘋果、秋田角館的木編馬（イタヤ馬）、岩手的生鐵茶壺，都是以當地特產為概念所作的設計。」 03.將經常使用的花樣與樣本刺繡一併整理在剪貼薄上，是重要的收藏品。

02 植木友子

02

01

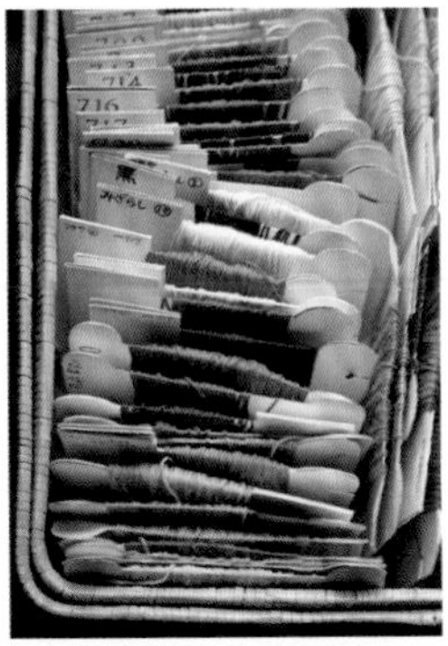

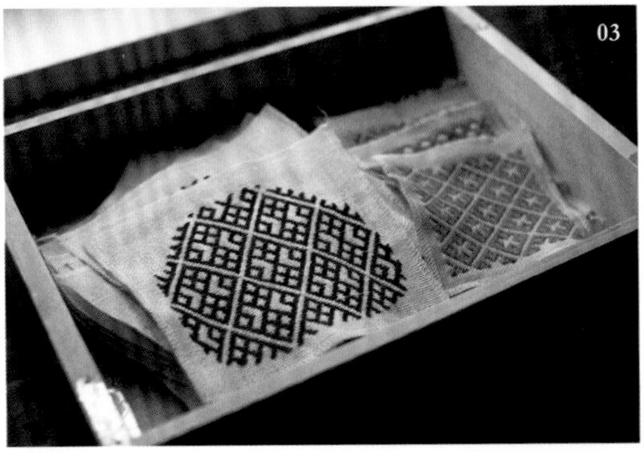

01.愛用繡線是青森縣弘前市的手工藝店「TSUKIYA」的原創商品。「為了避免備用線材短缺，總是大量訂購一次買齊。」將拆開的繡線束纏在厚紙板上，就能毫不浪費地使用到最後為止。「只要標明製造商或色號，要補買的時候就不會感到困擾。」 02.為了方便隨時都能動手刺繡，於是將未完成的繡品布料或縫紉工具統一收納在藤籃裡。 03.刺繡完成尚待縫製的作品，則是小心翼翼地放在木箱裡保管著。「為了防備緊急訂單的交貨，我會趁家事的閒暇之餘，卯足勁來動手製作。」 04.即使短時間也能集中精力製作，正是小巾刺繡的魅力。「與其馬拉松式的長時間刺繡，良好的效率更加重要。」

01.以紅色的單色刺繡，營造出楚楚動人的氛圍。 02.連續花樣的可愛針插。右邊是「算盤繡」，左邊是「小枕繡」。

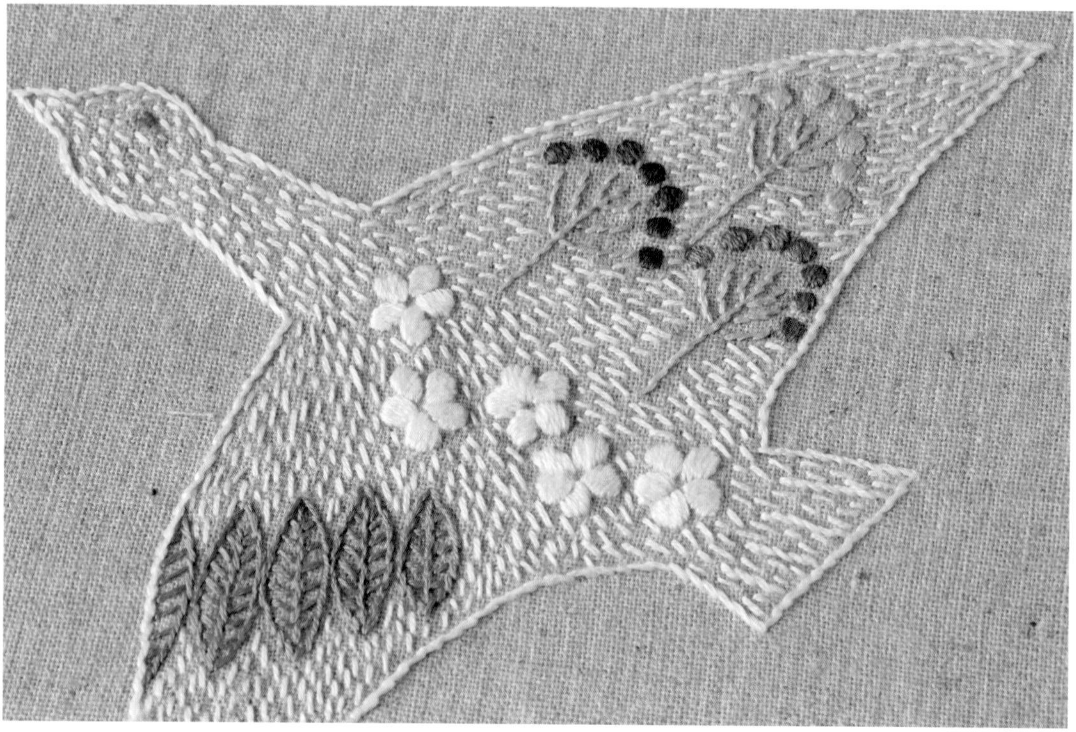

以「滿花之鳥」為題的刺繡作品，將最喜愛的花、鳥、葉子等圖案全都結合在一起。

part.2 在日常生活中加入刺繡

03 薗部裕子

所謂的刺繡就是拼縫時間與記憶的工作

將思念寄情於針與線上

帶有幽默感的動物造型中，有著一筆一筆絢麗多彩的刺子繡花樣。以「マルチナチャッコ」的名稱從事創作活動的薗部裕子小姐，獨特的名字來自於她飼養的玄鳳鸚鵡暱稱。「小時候就很喜歡畫畫，自我懂事以來，家裡就飼養著鸚鵡，因此非常擅長畫鳥，就算閉著眼睛都難不倒我。」想要藉由刺繡傳達最愛的鳥兒魅力，如此強烈的信念成為鞭策薗部小姐持續創作的動力。由於原本就很擅長繪畫，因此繡圖理所當然全都是她的原創設計。才剛開始進行創作活動，便已經活躍於當地的各種手作活動了。

對薗部小姐而言，最初開始刺繡的時候，也是遭逢人生低潮的一段時期。而當初一感到不安便運針繡縫的日子，如今也化為一段難忘的回憶。「我個人覺得刺繡就像是一項拼縫時間與記憶的作業。只要拿在手上，就會重新喚起當時的情景。正因為如此，我不願妥協，要求自己務必創作出滿意的作品。這就是我創作的原動力。」

布置於客廳一角的刺繡區。鐵製吊鈎
上掛著五彩繽紛的刺子繡杯墊。

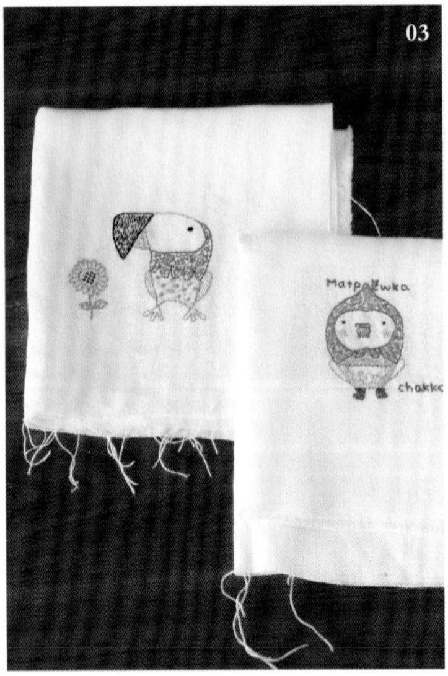

01.鳥與貓的胸針，重點在於不留縫隙的緊密刺繡。　02.以Leo Lionni的繪本為創作題材的刺繡，這是在長男こうすけ生病住院期間繡製的。「當初尚未完成就出院了，於是就這樣維持著半成品的樣子，至今仍珍惜的保存著。」　03.化身為刺繡圖案而大受歡迎的玄鳳鸚鵡「小嘎嘎」。　04.讓人忍不住會心一笑的人氣刺繡商品，漫畫風格的動物系列化妝包。
http://chakko.exblog.jp/

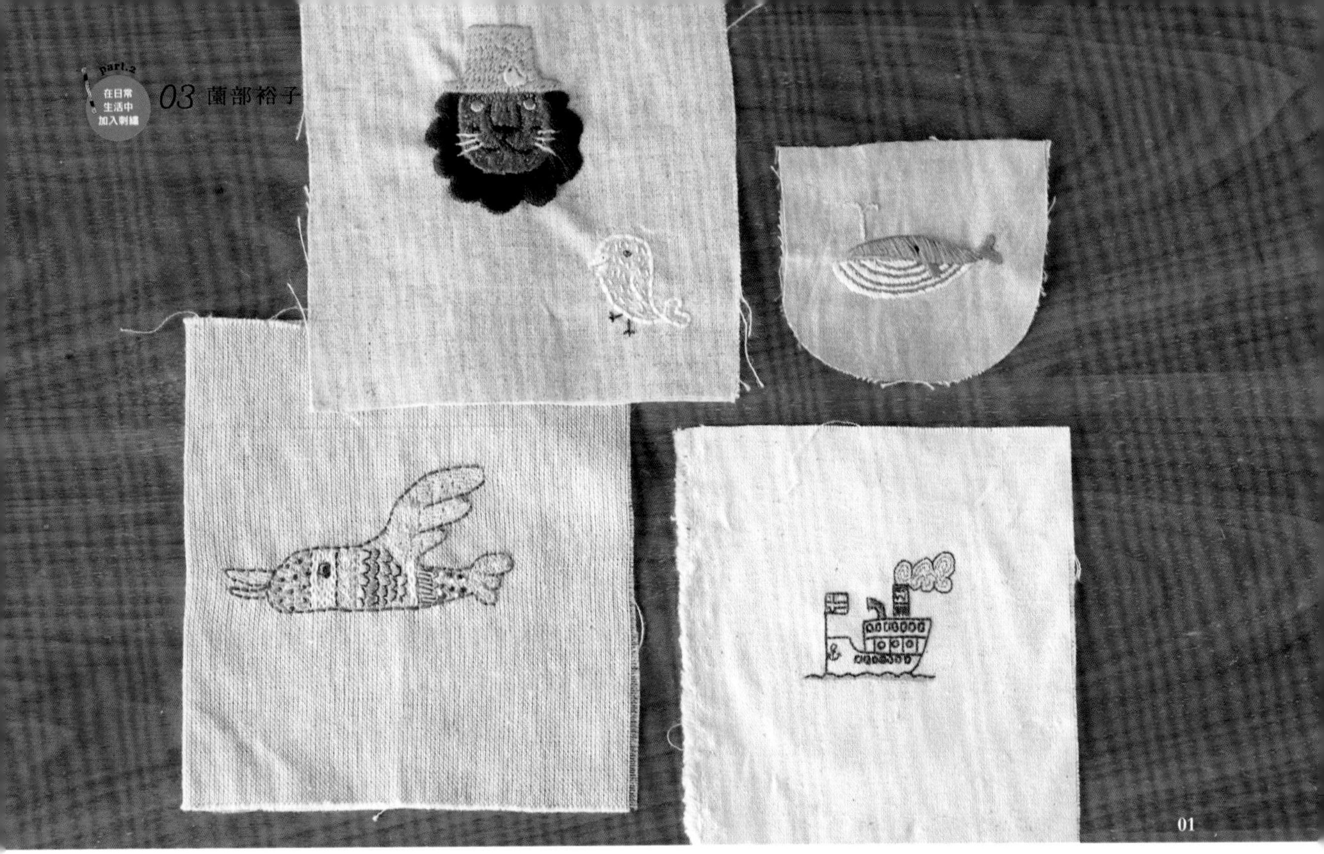
01

01.在日常生活中抽空刺繡，逐漸累積的刺繡布。「一邊構思圖案，一邊天馬行空的過程總是非常愉快。」 02.最喜歡動物的こうすけ君。「與孩子共度的時光，總是能為自己帶來無限的靈感。」 03.愛用的針線盒。 04.表情豐富的玄鳳鸚鵡～小嘎嘎。 05.作為圖案創作參考的動物圖鑑。「細看之下，不覺得熊貓的臉其實有點邪惡嗎？」這種小發現也是刺繡的樂趣之一。

04

03

02

05

part.2
在日常
生活中
加入刺繡

04 大木由紀

東歐風圖騰
與亞麻布是絕佳組合！

客廳一隅的手作相關展示區。以東歐的傳統圖案為主角。

01.喜歡東歐風的刺繡圖案。右邊杯子針插，是本書page 82伊東不二子小姐的作品。 02.由各式東歐圖案組合而成的防塵布，以單色刺繡營造出沉穩格調。 03.在收藏穀物的糧食袋或是洗舊風格的亞麻布繡上十字繡。「傳真機防塵罩，是以復古的匈牙利亞麻作品為概念設計而成。」 04.令人耳目一新的提洛爾織帶風刺繡，妝點於口金包式的智慧手機袋。圖案擷取自《匈牙利的可愛刺繡》（產業編集中心出版）其中數種花樣的組合。

愛上刺繡的契機是——Drawn thread work抽紗刺繡

「我很喜歡精緻纖細的白線刺繡或是東歐的十字繡。」大木由紀小姐如此說。受到從事洋裁工作的母親影響，從小時候開始，手作就是生活的一部分。但是像這樣一心投入刺繡世界，則是近幾年的事情。起因是偶然在雜誌上看到了Drawn thread work抽紗刺繡，並且一見傾心。

在這之前，僅有字母繡或小型圖案刺繡經驗的大木小姐，一邊閱讀書籍，一邊自學嘗試挑戰Drawn thread work抽紗刺繡與丹麥的Hedebo刺繡。就在多方收集各種資訊之際，也漸漸被十字繡吸引。特別鍾愛匈牙利等地區的東歐刺繡，起初是將傳統圖案組合，進行刺繡，最近則是開始利用圖案製作軟體，著手原創設計。

「越使用越有韻味的亞麻布，與東歐的刺繡花樣是最佳組合。只要在陳舊的連身洋裝上點綴些許刺繡，便可美麗重生呢！」

01.丹麥Hedebo白線抽紗繡的裝飾布，根據《大塚綾子的白線刺繡》（NHK出版）一書製作而成。 02.初期參考《第一次作Hardanger刺繡》（雄雞社出版），製作的Hardanger抽紗繡杯墊。 03.結合Ajour鏤花繡、抽紗刺繡和十字繡的桌墊。 04.愛上白線刺繡後，初次挑戰製作的Hedebo刺繡迷你飾布。「雖然非常耗費時間，但看到逐漸成形的作品就令我開心不已。」

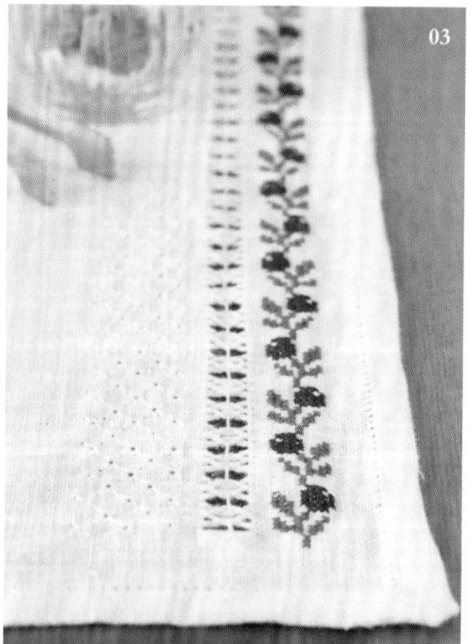

04 大木由紀

01.客廳旁的和室，是放置著縫紉機的裁縫工作區。 02.為了讓經常使用的繡線色號能一目瞭然，因此親手製作了色卡樣本。特別喜歡越前屋自創品牌「MATALBON」繡線的質樸風格。 03・04趁著家事空閒之餘，待在日光明亮的餐廳裡刺繡。 05.東歐刺繡圖案的抱枕套，是利用洋裝改作而成。 06.在亞麻布上飾以排成一列的刺繡圖紋，縫製成馬爾歐包。
http://fossette725.blog54.fc2.com/

part.2
在日常生活中加入刺繡

05 外山香織

一趟阿爾薩斯的旅程讓我愈來愈喜歡刺繡

02

01

01.客廳櫃子上的小小藝廊。將成品裱框之後，與瑞典的字母繡樣本老件一起擺飾。　02.刺繡初期縫製的字母繡芳香袋，圖案取自於「SAJOU」。

在工作&育兒的閒暇之餘 藉由刺繡排遣生活壓力

「原本是因為喜歡編織而開始寫起了部落格。然而不知從何時，自己竟完全沉迷於刺繡了。」外山香織小姐如此笑著說道，住家裡處處擺飾著至今為止親手製作的刺繡相框與小物。

　大約十年前，外山小姐在雜誌上看到一幅以字母繡為室內裝飾的美麗照片，「原來還有這樣的新世界啊！」受到強烈震撼的她，迫不及待嘗試挑戰時，便立刻愛上刺繡。數年前走訪法國阿爾薩斯地區旅行，自此更是被紅線刺繡的阿爾薩斯十字繡深深吸引，無法自拔。

　全職工作再加上正處於育兒最辛苦的階段，對外山小姐而言，拿針繡縫的片刻時光，是她目前最珍貴的放鬆時間。「對於喜歡進行周而復始作業的我來說，刺繡似乎滿適合我的。即便時間短暫，但只要集中精神就能釋放壓力，趁著孩子入睡時，靜靜享受刺繡的過程也令我開心不已呢！」

01.樹木與動物的白線刺繡圖案，是義大利刺繡家Renato Parolin的設計。　02.阿爾薩斯的刺繡招牌、穿著民族服裝的兒童們，將繡品與阿爾薩斯的民俗藝品一同陳列。　03.以復古繡帷改造而成的Tvistsöm刺繡抱枕。

01.使用紅色繡線刺繡的罩布，繡圖是以阿爾薩斯繪本作家．Hansi的塗鴉為藍本。　02.具有腳架的縫紉箱為比利時製。箱內是朋友母親轉讓而來的繡線，據說是以前使用的繡線。
03.全職工作的外山小姐能夠拿針繡縫的時間，僅有晚上孩子入睡後的一個小時。「時間雖短，但只要一持針就能心無旁騖。」

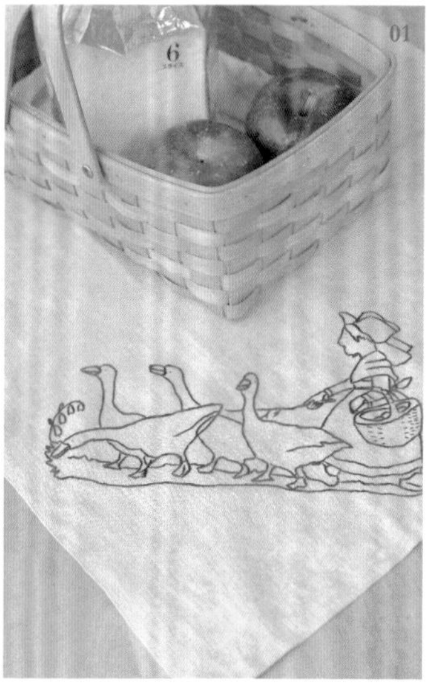

02

03

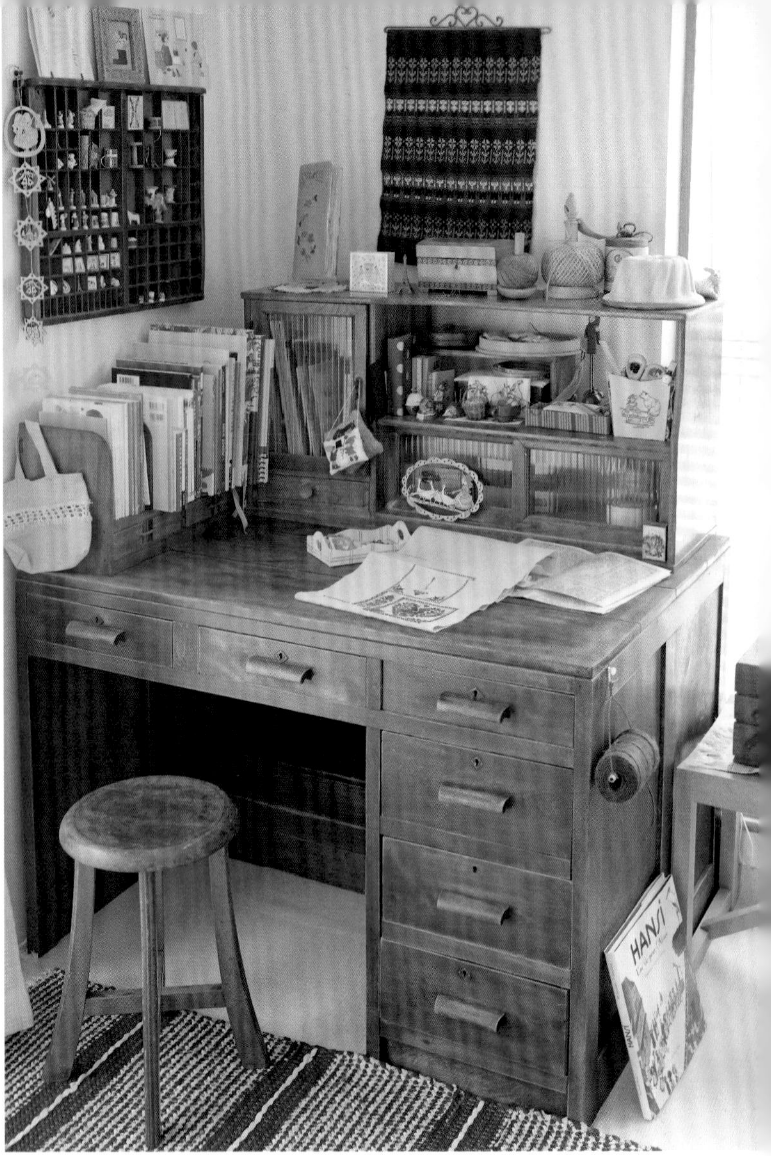

01

01.和室一角的陳舊木桌就是外山小姐的工作室。牆上的鉛字收納架以及小圓椅等，這些漸次收集而來的老家具，件件刻畫著時光的痕跡。 02.在法國跳蚤市場發現的古董線盒。以紙袋包裹的古老繡線，原封不動地放在盒內。 03.德國刺繡商「Uhlenhof」的聖誕節刺繡組合，裱框之後與雜貨一同擺飾。 04.介紹法國阿爾薩斯地區傳統刺繡的原文圖案集，是外山小姐的愛書。 05.古老的縫紉箱內，收藏著刺繡針與愛用的裁縫工具。

05

04

05 外山香織

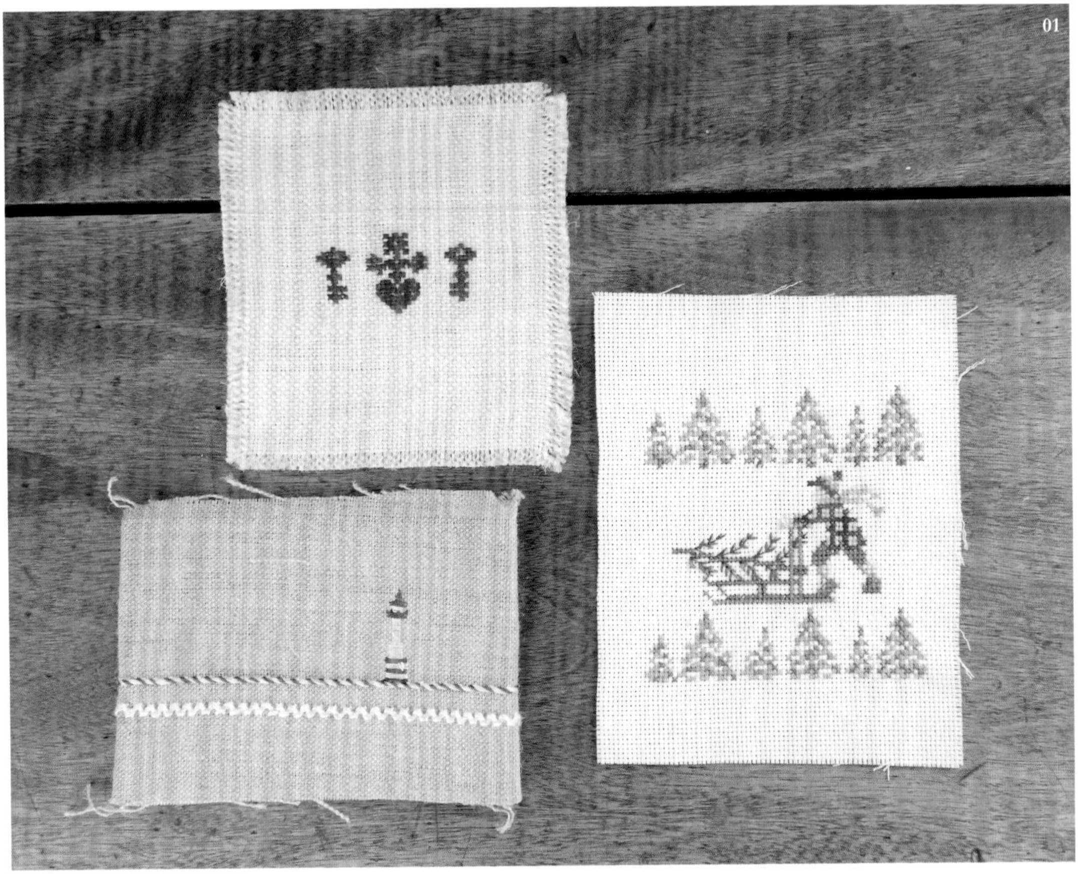

01.一點一滴慢慢累積的小小刺繡。右邊圖案來自巴黎手工藝店「Le Bonheur des Dames」，左上為阿爾薩斯地方的傳統圖案，左下則為高橋亞紀小姐的設計。 02.擁有可愛紅線輪廓繡的法式布盒──針線盒與針盒，皆使用高橋亞紀小姐的材料包製作而成。 03.這些也是高橋亞紀小姐的設計。將小小的聖誕節圖案縫製成針插。 04.在古典的裝飾布繡上小花。圖案取自高橋亞紀小姐的著作《刺繡圖案帖 生活中的復古》（日本VOGUE社出版）。

http://peinture.exblog.jp/

Jennifer Lentini

珍妮弗·朗第尼

巴黎當地的家飾設計師。孩提時期受到母親的啟蒙，便從此迷上了十字繡。2009年6月2日創立了自己的品牌。作品於網路與SALON（貿易展覽會）販售。

http://letempsdunthe.canalblog.com/

http://unecroixletempsdunthe.kingeshop.com/

Paris report 01

拜訪巴黎刺繡家

Jennifer Lentini專訪

在法國廣受喜愛的Jennifer Lentini小姐，
以細膩可愛的十字繡成為人氣刺繡家。
實地前往工作室拜訪之後，
發現她給人的感覺正如其作品。

01.利用砧板作為展示工具的創意，令人心生佩服！ 02.將作品置於鳥籠中，或放在畫架上，擺設手法極為精湛。 03.細膩可愛的作品有條不紊地陳列著。

位於自家3樓的工作室。美輪美奐的作品隨處可見，猶如展示間的雅致布置令人印象深刻。

在寬廣的工作室盡情揮灑
創造獨一無二的世界

珍妮佛小姐的工作室位於巴黎近郊的高級住宅區。精心布置猶如展示間的作品們，每一件都非常惹人喜愛，並且傳達出只有刺繡才能呈現的優雅與細膩。

其中裱框收藏的小幅作品特別令人印象深刻。「這些小小的畫框都是我父親的作品。基於方便展示刺繡成為居家擺飾，特地為我製作的。」之所以個人簡介的頭銜不是寫刺繡家，而是「家飾設計師」，想必就是這個緣故吧！

品牌名稱「Une Craix, le Temps d' un Thé」，其含意為「十字繡與品茶的時光」。「無論是十字繡還是茶，對我而言都是生活中不可或缺的。所以，就決定以此來命名。」每一段構思設計最愛的十字繡的充實時光，或進行刺繡的恬靜時光，都是刺繡無可取代的魅力來源。

02

01

04

03

01.宛如繪本一幕的情景。 02.將刺繡活用於法式布盒的創作，抽屜上的文字由上而下分別是「鈕釦」、「緞帶」與「飾帶」。 03.結合父親原創畫框與刺繡作品的展示區。 04.刊載於法國手工藝雜誌的作品與雜誌頁面。

04

01

05

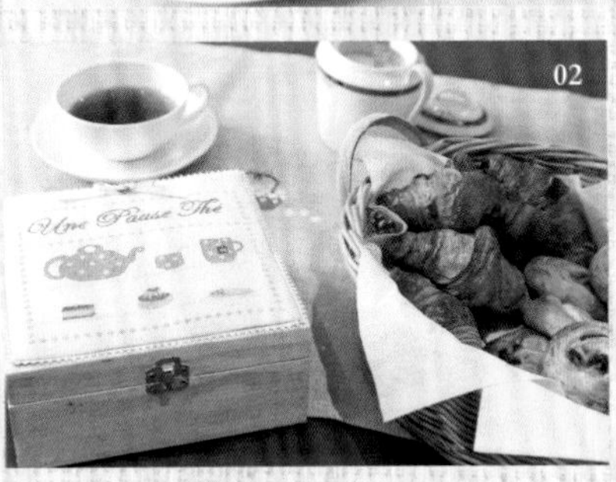
02

03

01.與雙親同住在住家兼工作室的珍妮佛小姐，一直以來都負責午餐的烹調。連餐桌中央的檯布也有珍妮佛小姐的刺繡。　02.盒蓋上以手縫刺繡裝飾的紅茶收納盒，將作品不著痕跡的融入了生活中。　03.位於3樓的另一間工作室。隨處可見的作品也極具珍妮佛小姐的風格。　04.父親・尼可拉先生的工作室。正在製作要給珍妮佛小姐的畫框。　05.原創性極高的針插是母親的作品。

part.2

在日常
生活中
加入刺繡

06 sachikogin

小巾刺繡與北歐雜貨
風格調性其實非常相配

迷你五斗櫃上陳列著小巾
刺繡及心愛的北歐雜貨。

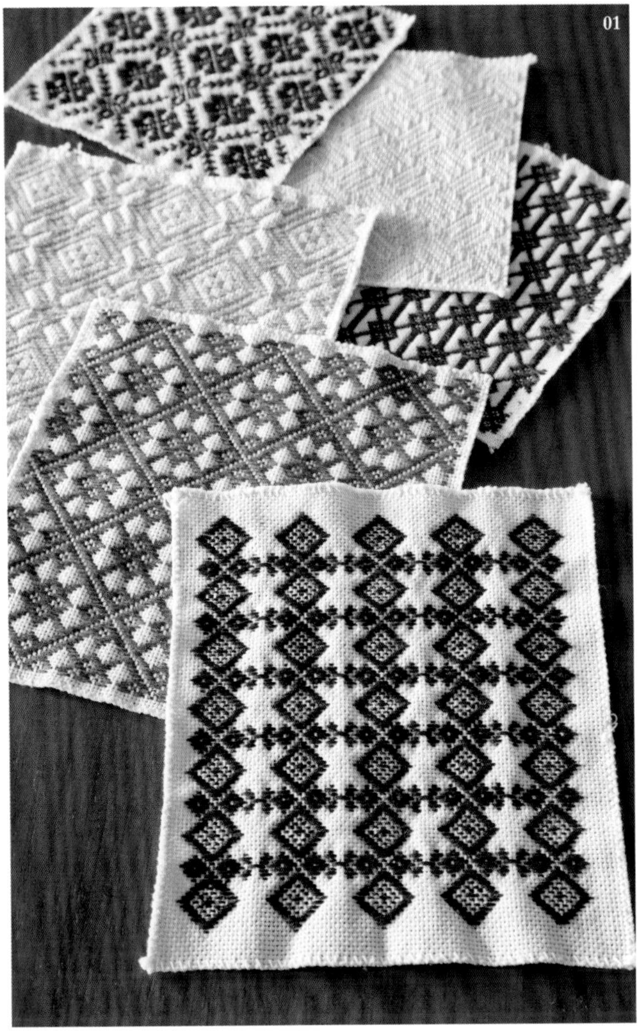

01.利用家事的空閒時間，一針一線累積完成的杯墊與隔熱墊。「雖然每一件都是單純的花樣，但是因著排列組合或繡線顏色的變化，氛圍也隨之一變，令人樂在其中。」
02.集合了喜愛的各式MODOKO（小巾刺繡的圖案名）繡製而成的樣本風防塵布，以黃與茶的鮮明配色營造出北歐風情。

融入北歐風的小巾刺繡讓我樂此不疲！

「我喜歡日本和北歐小物混搭的風格。」sachikogin小姐如此說。在質樸簡約的客廳裡，小巾刺繡與北歐家具、雜貨一同和睦的並列著。「北歐與日本雖然是彼此距離遙遠的國度，但無論是溫暖手感的設計，或是針對創作的理念等，確實存在著相同之處。一旦試著搭配組合，就會融合出不可思議的協調感，或許就是因為這個緣故吧！」

與小巾刺繡的邂逅，起因於郵購雜誌的材料組合包。「明明是日本的傳統工藝，卻洋溢著異國刺繡的質樸風情，這種特色深深吸引了我。當下因此有了『我應該也能辦得到！』的想法。」最初只是邊看邊模仿著刺繡，現在則是已經有自行組合圖案與配色的能力。「從小時候就開始不斷挑戰各種手作，但往往都是三分鐘熱度。連我自己都沒想到，竟然會如此沉迷於刺繡。最近開始對十字繡產生興趣，也是多虧了小巾刺繡的緣故。」

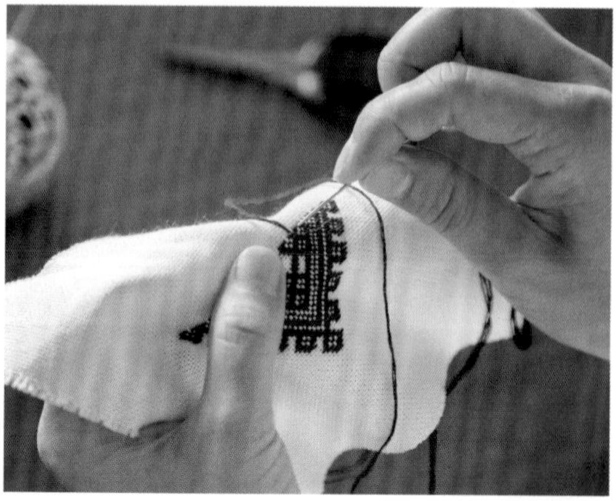

主要是利用孩子們午睡或是深夜之時進行創作。一個人靜靜運針繡縫的時刻，特別能夠舒緩身心壓力。

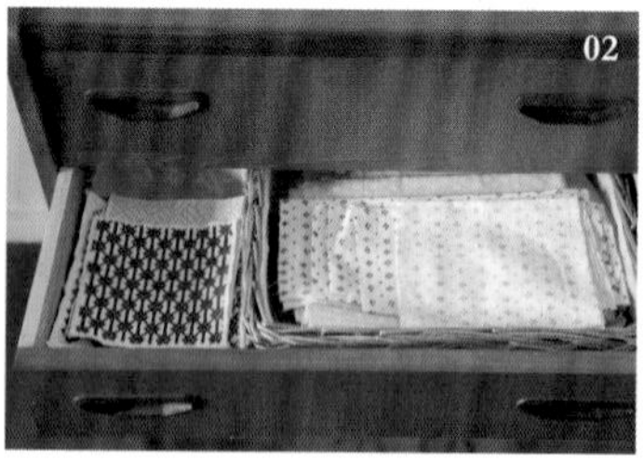

01.圓滾滾的可愛針插放進木作茶杯裡，給人溫暖的印象。　02.抽屜裡存放著累積至今的小巾刺繡作品，以及復古風的零碼布。　03.繡線以迷你工具箱分門別類的收納。　04.繡圖參考書《小巾刺繡圖案集165款》（MACO社出版）與《小巾刺繡之書　津輕的民藝刺繡》（文化出版局出版）。

06 sachikogin

01.雖然是日本傳統花紋，卻帶著濃厚的北歐風格正是魅力所在。「只要改變花紋的排列與擷取方式，作品的印象也會隨之改變，這點真是深奧呢！」 02.將連續花樣刺繡成條紋模樣，黃×灰的配色與一旁的北歐雜貨相得益彰。 03.「比起單圖刺繡，我更偏好一整面的刺繡方式。」sachikogin小姐說：「這種方式比較能讓我全心投入，完成時也特別有成就感。」
http://kogin3.exblog.jp/

part.2
在日常
生活中
加入刺繡

07 伊東不二子

私心偏愛
北歐風格的懷舊圖案

繡著德國傳統圖案的樣本風刺繡，縫製成沙發椅上的靠枕。以復古色彩營造出沉靜氛圍。

01.來自國外的免費繡圖加上自己喜愛的配色，完成了獨一無二的隔熱墊。 02.相同的圖案只要在配置上多花點工夫，印象就會截然不同。 03.以不同的顏色繡出家人們的專屬椅套。 04.清爽整潔的餐廳，以桌上小物來增添色彩。

以配色來表現「自我風格」

童年時期就喜愛編織等手作的伊東不二子小姐，結婚之後也經常親手縫製嬰兒服或孩子的童裝，手作已是融入生活當中不可或缺的存在。終於完成夢想，擁有了屬於自己的房子之後，手作方向也順勢轉為「居家使用的物品」。開始製作沙發椅套、小蓋毯等家飾布作的契機下，也興起了想要在亞麻布加上刺繡的念頭。

「透過一個又一個小小的×符號，不斷累積逐漸成形的十字繡。這種需要極大耐心的作業真的很吸引我。圖案愈單純，愈能讓我心無旁鶩，所以特別喜歡重複的連續花樣。」伊東小姐如此表示。開始刺繡時，多是參考書籍與網路上的免費圖案，然而現在已經開始投注心力於自己的原創圖案。「即使是相同的圖案，只要改變配置或配色，就能升格成具有個人風格的作品，令人感到不可思議。對我而言，十字繡或許是最坦率的表現方法吧！」

01

01.工作區設置在寢室裡，費盡心思終於完成了方便作業的陳設。牆面上的藤籃，收納著蕾絲等材料。　02.手工縫製的窗簾腰帶，隨手繡上了「SAJOU」的復古圖案。　03.藍×橘的方形萬用包鮮亮搶眼，改變配色即可樂此不疲的製作出無數個，這也是伊東小姐的招牌商品。　04.以排列成行的3朵原創花朵為主圖，縫製而成的迷你墊布。「相同的圖案只要透過不同的配色或排列方式，給人的印象就會改變，因此總是在不斷的嘗試中摸索，直到完成滿意的作品為止。控制整體的色調彩度，就能營造出溫馨柔和的氛圍。」
http://nuplus.exblog.jp/

03

02

04

07 伊東不二子

01

01.以細膩的十字繡來表現綠底黑格紋的迷你托特包。作品的參考書籍為《point刺繡書》（雄雞社出版）。 02.具有收納格的抽屜裝設在牆面，作為小小裝飾架。隨著一點一點放上的心愛小物，讓人充滿期待。 03.「我喜歡進行圖案緊密的刺繡。」伊東小姐如是說。構思了將近一年的盒裝針插，光是配色就試作了好幾次。 04.因長女推薦而購買的配色事典，單單欣賞就令人開心不已，實際創作作品時也讓我獲益匪淺。 05.以北歐經典圖案為主題的彩色杯墊。圖案出自《十字繡復刻圖案集》（學研出版）。

05

02

04

03

每年冬季來臨之時，布置聖誕節繡品就成了最令人期待的事。The Prairie Schooler的圖案令人愛不釋手。

part.2 在日常生活中加入刺繡

08 池山惠子

牆上滿滿的裝飾相框 每個都是珍愛的寶物

旅居美國期間 對十字繡一見鍾情！

因為丈夫工作的關係，池山惠子小姐大約有三年是在美國度過的。據說在那之前，她對手工藝幾乎是完全沒有興趣。「難得有機會暫居美國，心想多少要把握時間好好利用，於是開始學習拼布，但始終難以上手……就在這個時候，朋友帶我參觀了一間刺繡專門店，也因此成就了一場衝擊性的邂逅。」

擄獲池山小姐目光的，是美國知名刺繡品牌The Prairie Schooler公司的聖誕節圖案。「那幅作品對初學者的我而言，可以說是不可能完成的大作，但我憑著一股傻勁沉醉在刺繡中，最後總算完成了。繡完之際，我也完完全全成了十字繡的俘虜。」

不需畫線標記或裁剪等麻煩的手續，只要想到就能馬上動手，這正是十字繡的魅力。「即使一天當中只能持針繡縫幾分鐘，也覺得每天都過得更快樂了。」

01

02

01.「將來若是能擁有自己的房子，一定要在客廳牆上掛滿十字繡畫框！」如今這個夢想已經實現了。　02.「和愛畫畫的女兒一起，一邊聊天一邊刺繡，是近來最美好的時光。」

02

01

01.「每年都殷切盼望著這個季節的到來。」如此表示的池山小姐，將完成的繡品加上毛氈布裱褙和提洛爾織帶，立刻搖身一變成為聖誕節掛飾。
02.玄關處也以聖誕節圖案迎接賓客的到來。這些全都是The Prairie Schooler公司的圖案。

01

03

02

01.隨著四季更迭或節慶來更換刺繡裝飾也是樂趣之一。秋天時，客廳一隅的萬聖節刺繡。 02.後方有著許多咖啡歐蕾杯的作品，是Perrette Samouiloff的設計。「那是懷長女時完成，充滿回憶的刺繡作品。」 03.這幅以沐浴為主題，名為「LA SALLE DE BAIN」的迷你壁毯也是Perrette的設計，繽紛多彩的用色令人醉心。

08 池山惠子

01・02將Gera！老師色彩鮮豔又可愛的圖案製作成針插與縫紉機防塵罩。 03.使用較淺的抽屜按顏色分別收納繡線。 04.將糖果盒重新改造得更可愛。盒蓋上貼著房屋圖案的繡布，圖案全都來自The Prairie Schooler。 05.維持原樣的未完成The Prairie Schooler「龜兔賽跑」繡圖。最近終於有閒暇時間，可以重新進行。
http://blogs.yahoo.co.jp/keikochan2828

開門之後最先映入眼簾的這個空間，陳列著最愛的家飾雜貨。

part.2
在日常生活中加入刺繡

09 内藤純子

型染・刺繡與法式布盒
手作交融的新鮮組合！

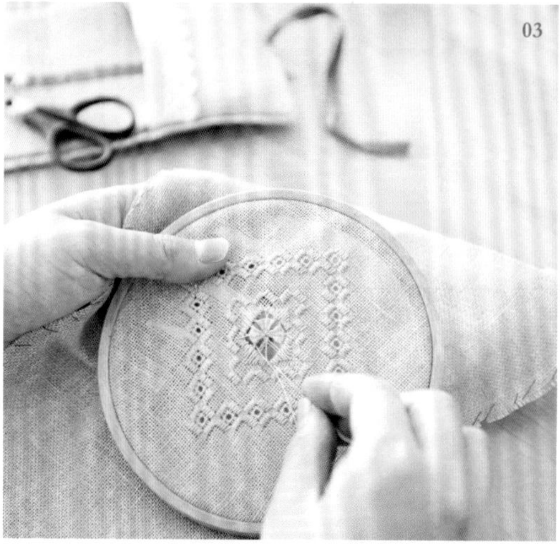

01.鏤空抽紗繡的隨身鏡是經常製作的物品之一。「當成小禮物贈送，對方會很開心呢！」 02.細緻的鏤空抽紗繡與玻璃蝕刻，清麗的調性構成完美組合。玻璃罐中的洋水仙已搶先一步綻放了花朵。 03.同時進行大型作品與小物刺繡，是持續而不易厭倦的訣竅。 04.採光良好的明亮客廳，是刺繡的最佳場所。「每天只要有短短的時間可以進行手作，心情就會十分舒暢。」

喜歡白線刺繡
不矯揉造作的存在感

內藤純子小姐原本就以型染和玻璃蝕刻講師的身分，活躍於手工藝界。在期待已久的自建住宅裡，古董雜貨與作品雅致地陳設著，恬靜的氛圍讓訪客也隨之溫和放鬆了起來。其中最引人矚目的，莫過於一件件精細繡製的白線刺繡。「因為想要正式學習白線刺繡，因此不是自學，而是前往御園二葉老師的刺繡教室。」

在工作與家事之間，勤快地前往教室上課，挑戰各式各樣的作品。對內藤而言，即使每天只有短暫的時間能持針繡縫，卻是最能療癒身心的時光。

「一針一針的累積，與日常生活的持續有著異曲同工之妙。不過度主張存在的白線刺繡，能自然而然的融入居家裝潢，花費心力完成之後，自然也格外珍愛。只要周遭有一片白線刺繡，就能營造隱約的奢華氛圍。刺繡對我而言，是日常生活中悄然無聲溫潤我內心的重要存在。」

03

02

01

01.向塚田紀子老師學習型染，在畢業班為作品展製作的陽傘與手提包，正適合夏日外出使用。Hedebo繡的扇形飾邊與釦眼繡，讓成品顯得更加貴氣。 02.毛線刺繡與型染圖案的結合，營造出舒適溫暖的氛圍。 03.在型染圖案加上刺繡，創作出穠纖合度的立體感。

03

01.繡縫著大量玫瑰與皺褶繡的手提包。「一邊夢想著……要是能夠住在擁有這種花園的住家，一邊刺繡完成的作品。」 02.繡有堇花的香氛袋，讓浴室的空氣更為清新。「這是參考庭院裡的花卉，構思創作的圖案。是稱為高寒堇菜或拉布拉多堇菜（Viola labradorica）的品種。」 03.以輪廓繡描繪出雪花蓮的抱枕套。從事庭園工作時，經常像這樣浮現靈感。

02

01

09 内藤純子

01.以古老的腳踏式縫紉機作為主角的工作室展示區。 02.搭配法式布盒技法製作的時鐘，以單一色調營造出一致的高雅氛圍。 03.喜愛的圖案集。「兩本書無論看多久還是百看不膩。」 04.在高橋亞紀老師的教室裡初次繡製，值得紀念的英文字母繡，後來將其製作成了針線盒，十分珍惜的使用著。愛用的剪刀綴著鏤空抽紗繡的吊飾。 05.經常使用的繡線都收納在親手製作的法式布盒裡。

http://blog.livedoor.jp/juneberry0

part.2

在日常
生活中
加入刺繡

10 ナカダミエコ

每天都想使用的
重點刺繡小物

單單擺設著嚴選家具的客廳
兼餐廳，既簡潔又舒適。

03

02

01

05

04

01.小巧尺寸的可愛杯墊。繡著格紋花樣或幾何圖案等各種不同的圖案。 02.字母繡的小束口袋，可以防止零星小物在包包裡迷路的窘境。 03.在桌布一角加上了刺繡。 04.大尺寸的廚房用布，在各個方面都是重要的存在。 05.窗簾也全是亞麻布料的手作成品。

簡約中帶著淡淡的甜美
這就是我恰到好處的風格

灑落和煦陽光的起居室，微微打開的窗戶吹進一陣涼風，窗簾的下襬也隨著搖曳生姿。「我決定不論家具或雜貨，只要是放在這個空間裡的，絕對都是我自己真正喜歡的物品。」ナカダミエコ小姐輕聲說道。而出自她雙手的刺繡作品，也是與這個空間非常相似的簡潔淳樸。

自二〇〇一年設立部落格以來，身為布小物作家持續活動至今的ナカダ小姐，已經在雜誌或書籍等發表了為數眾多的作品。不論是刺繡或是編織，雖然手法技巧時時變化不一，但製作出「一定能在日常生活中充分利用之物」的堅持，如今仍然不變。

「簡約、俐落，然而又帶點可愛——一直以來都在摸索這三者的平衡點。於是越洗越有韻味的亞麻布料，加上重點刺繡的布小物，就成了我的原點。」

03

02

01

04

01.愛用的針插。前方的針插放入了磁鐵，因此只要稍微靠近就會緊緊吸附縫針。　02.工作時使用的手作椅墊套也添加了字母繡。　03.樣式簡單的托特包，讓字母繡的花體B字更加顯眼。04.每日都在這兒度過大半天的工作室，處處展現出ナカダ小姐在品味上的堅持。持續了一年半的刺繡，是工作與家事的空閒時間轉換心情用的作品。　05.裝入夾鍊袋的繡線按照號碼依序排列，想要的顏色馬上就找得到。

05

10 ナカダミエコ

01・06儲藏室兼私人展示區，可以不必脫鞋直接從玄關進入。此處特地裝設一扇舊窗框營造氛圍。 02.費時一年終於大功告成，來自免費圖案的樣本刺繡。「繡線選擇較深的紅色，作出單色的簡約風格。」 03.2005年發售的著作《來自我的縫紉工作桌》（日本VOGUE社出版）中，刊載了許多每天都想使用的亞麻布或棉布小物。 04.在上等材質的亞麻手帕加上小巧的重點刺繡。 05.繡著流水編號的隔熱手套。「製作的數量愈多，設計風格似乎就愈是趨向簡潔。」
http://foyu38.exblog.jp/

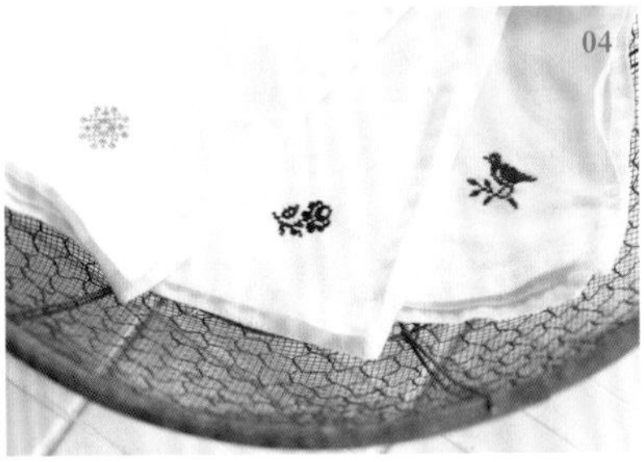

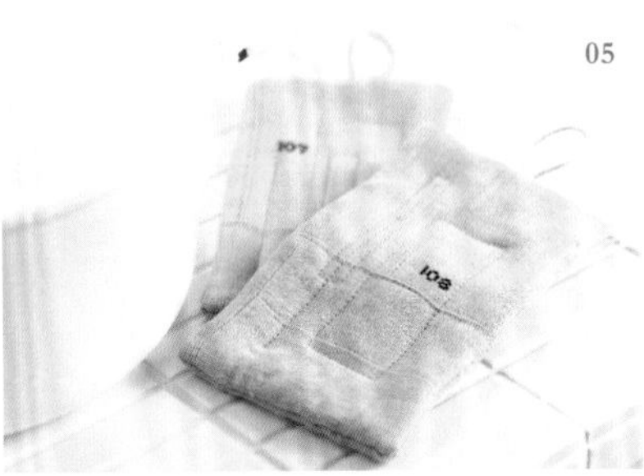

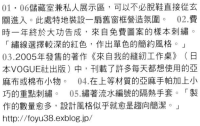

Paris report 02

拜訪巴黎刺繡家
伊莎貝爾・馬薩布羅・凱爾蘭

伊莎貝爾小姐傳承法國傳統刺繡，並且將其風華展現在人們的眼前。
為了一窺以細膩唯美刺繡精巧布置的伊莎貝爾世界，專程拜訪位於巴黎郊外的私宅。

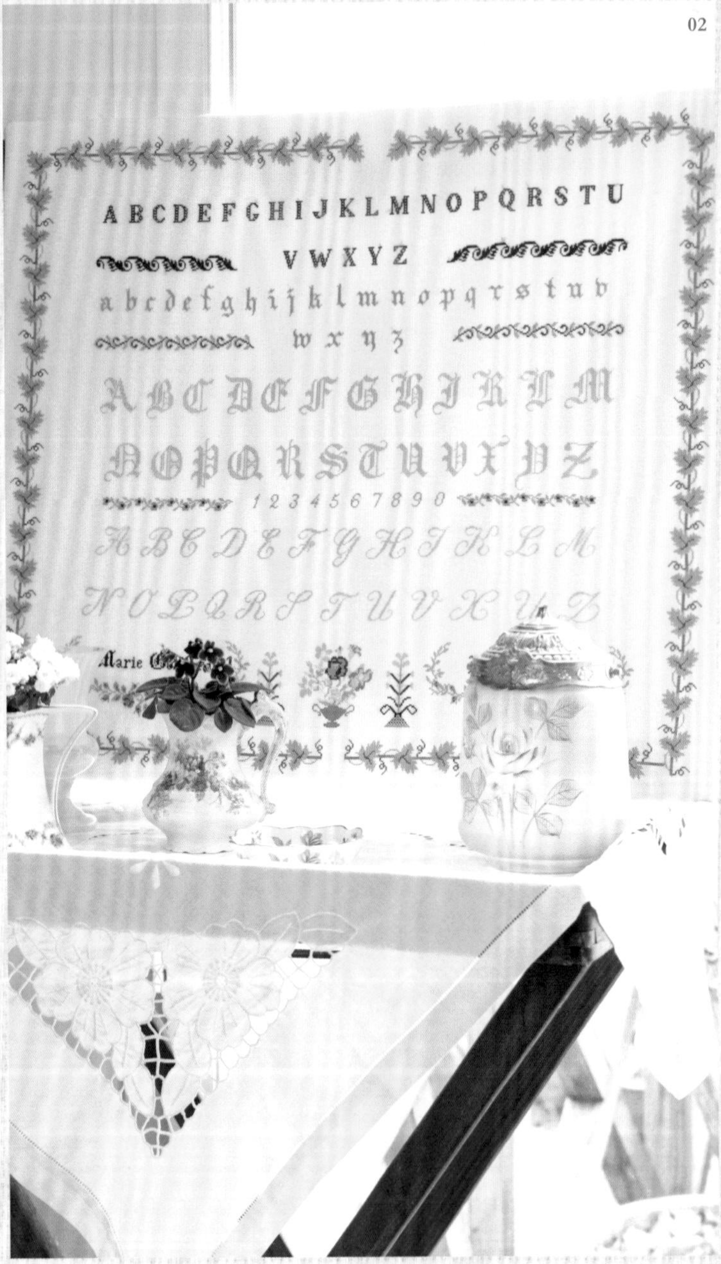

Isabelle Mazabraud-Kerlan

伊莎貝爾・馬薩布羅・凱爾蘭

1966年出生於巴黎。以技師身分參與建築橋樑、隧道等公共工程達12年之久。2003年開始以刺繡家的名義進行活動，並獨立創立個人品牌「Reflets de Soie」。2009年出版第一本個人著作之後，每年皆有新書出版。每一屆的法國手作大展「針之祭典」也從未缺席。

http://refletsdesoie.over-blog.com/
http://www.reflets-de-soie.fr/

01.放上結婚戒指後繫上蝴蝶結固定的串珠刺繡婚禮戒枕。　02.朝向中庭的明亮沙龍裡，陳列著美麗的字母樣本刺繡。

01.沙龍的牆上掛著幾幅精緻的樣本刺繡。 02.伊莎貝爾小姐母親的筆記本。左邊寫著「CAHIER de COUTURE」的筆記本裡，收集了流行雜誌的剪報與親筆寫下的作法。

刺繡珍藏品與最愛的古董圍繞身邊的刺繡日常

伊莎貝爾小姐居住在巴黎郊區的獨棟建築裡。從踏入玄關的瞬間，伊莎貝爾的世界就此展開——寬敞的沙龍裡，古董家具、小家飾，以及伊莎貝爾小姐親手縫製的刺繡作品錯落有致的裝飾著，宛如身處居家裝潢雜誌裡的情境。暖爐周圍熱鬧的布置了走訪各處，費時收集而來的古董縫紉工具與刺繡作品。

伊莎貝爾小姐就是從這類古老的物品中擷取靈感，進而創作作品。在法國，刺繡曾經是作為女性教養與技藝的必修課程。因此時至今日，仍然可以在巴黎的跳蚤市場上找到距今一百至二百年以上的字母表繡品「Abécédaire」（字母與數字的樣本刺繡）。「字母表裡一定會有羅馬字母ABC，是因為當時的年代必須使用花體字刺繡的關係。我們法國人有時也會以『Rose de Mai』（五月玫瑰）的別名來稱呼這種樣本刺繡呢！」

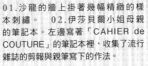

02

01

04

03

01.添加蝴蝶結圖案的花體字母表樣本刺繡。因著繡線顏色的不同，作品的印象也截然不同。　02.被稱為「Pic a Fleur」的古董玻璃容器，可讓插入的花朵固定位置。拿來改放剪線用剪刀，真是絕妙的好點子！　03.每一幅裱框的樣本刺繡，都是伊莎貝爾小姐的珍藏品。精湛的刺繡工藝品，超越時代打動人心。　04.在古董店裡找到的收納架，整齊陳列著昔日的古舊繡線。木製的裁縫箱裡則擺放著鈕釦。

03

01

02

01.用色罕見的藍色字母表樣本刺繡，是年代相當久遠的繡品。下方則是較為近代的作品。　02.美麗的串珠刺繡是伊莎貝爾小姐的最新作品。　03.僅以花卉為主題的展示桌，繽紛的花朵圖案小物立體的展示著。　04.四角皆以纖細的蝴蝶結裝飾的可愛作品。標示著完成年代與刺繡者的署名是字母表樣本刺繡的特徵。這件作品是擁有百年以上歷史的繡品，可惜作者名字早已模糊無法辨識。

04

蓋上刺繡防塵布的提籃與老相片＆雜貨，一同布置成小小的展示區。

part.2

在日常生活中加入刺繡

11 植木理絵

致力於展現
緞帶繡的楚楚可愛

以緞帶繡作成的非洲堇、小雛菊、繡球花等「花語・胸針」，在網路商店也是人氣商品。

花朵、洋裝、古董全都是創意的泉源！

色彩繽紛、綻放著美麗身姿的緞帶繡花朵，這些讓人不禁讚嘆的可愛胸針，正是植木理絵小姐的代表作。令人意外的是，她真正愛上刺繡並且樂在其中，不過是前幾年的事。「萬萬沒想到自己竟然會如此沉迷於刺繡當中。」

起初與刺繡相遇的契機，是在附近咖啡店偶然發現的白線刺繡教室的簡介。當時靈光乍現「就是這個！」於是毫不猶豫的決定參加。「之後由於躲雨的緣故，走入了另一間咖啡店，這次則是緞帶繡的手作課程……」偶然喚來了偶然，讓植木小姐徹徹底底愛上了刺繡。想以緞帶創作出更可愛的物品——當她有了這樣的想法之後，就開始精心刺繡最喜愛的花朵們。因緣際會之下誕生的，就是「花語・胸針」。

「與刺繡的相遇，為我帶來嶄新的機會。若這次能藉由我的傳達，讓讀者們感受到手作的樂趣，那就太令人開心了。」

01.將古老的刺繡布活用為廚房罩布。　02.一打開工作室的門，首先映入眼簾的就是這個角落。　03.將烏克蘭的民族服裝重新改造，精細的刺繡讓人一見鍾情。　04.喜愛的材料，總是放在隨時欣賞得到的貴賓席。　05.將刺繡教室的教學作品，製作成針插與線剪吊飾的組合。　06.抽屜以木箱等小物作出收納格，將繡線按顏色分類歸納。
http://poritorie.petit.cc/

03

02

01

01.繡著瑞典傳統圖案的布料，作為防塵布使用。 02.結合丹麥HEDEBO刺繡的項鍊。 03.勾起少女情懷的蝴蝶結花邊胸針。 04.採光良好的廚房餐桌，是植木小姐最喜愛的場所。

04

為了集中注意力作業，工作室的內裝統一採用沉著穩重的色調。

part.2
在日常生活中加入刺繡

12 てらしまよしこ

喜歡北歐及東歐的質樸圖案與素材

01.漂亮的流蘇抱枕，是配合深色大型木椅特別製作的。　02.並排著小木鞋的繡毯，利用了連續的相同花樣營造出東歐風格。　03.「喜歡組合各式各樣的配件製作成飾品。」
http://nitka.petit.cc/

在懷舊的古老雜貨與刺繡的圍繞中生活

以「Nitka」為名進行創作活動的てらしまよしこ小姐，開始刺繡的契機，是嘗試製作童裝的緣故。「在那之前，我明明對縫紉完全不感興趣。某一天縫製女兒的衣服時，我突然想要試著加上十字繡，想不到最後的成品卻出乎意料的好看。後來便完全沉醉在十字繡的魅力中，無法自拔了。」

起初只是為了增添幾分變化而稍加刺繡，但在不知不覺中，作品創作就變成以刺繡為主了。後來更是在朋友的勸說之下，開設部落格、經營網路商店，逐漸擴大活躍的範圍。

「現在孩子長大，不需要時時看顧。我也很享受為自己創作飾品，結合北歐或東歐的舊雜貨來創作小物的樂趣。無論是專為擺飾小小木鞋的地毯，或只為裝入郵票而作的迷你束口袋等，也許用途不大，但都是能夠讓人心情平靜，吸引人的可愛手作。」

01.匯集了復古氛圍的客廳。 02.繽紛可愛的木製餐廚用具，一旁是電話座機的刺繡罩布。 03.喜愛的外文手作書。「最近對Band編織或幾何花樣的可愛針織品，以及捷克・斯洛伐克時代的手藝書等很有興趣，總之東歐或北歐的手工藝都很吸引我。」 04.為了突顯設計，因此選擇較為搶眼的顏色製作而成的臂環。 05.櫃子上排列著許多鐘愛的雜貨。「雖然實用性不高，但美麗的圖案與色彩太吸引我，不知不覺就買了這麼多。」

12 てらしまよしこ

01.帶有可愛動物的頂針、俄羅斯白樺木盒Bélesta，以及葡萄專用的古董剪刀等，都是重要的珍藏雜貨。 02.日文版《Stitch刺繡誌vol.12》（日本VOGUE社出版）封面作品，以瑞士為主形象製作的針線包。 03.配合人偶燭台與木箱來刺繡的小型飾巾。黃色×茶色的鮮明配色令人印象深刻。04.羊毛刺繡的繡帷與帶腳架的裁縫箱，兩者皆是購於網路的古董。 05.為長女製作的亞麻洋裝，領口處繡上相對的兩隻鳥兒。

part.2
在日常
生活中
加入刺繡

13 町田京子

隨處可見
刺繡小物的房間

置於起居室一隅的桌子，是長女杏梨念書的地方。小抽屜裡則是放滿了杏梨專用的刺繡線。

01.書桌的小抽屜上方，放置著親手製作的刺繡小物與雜貨。前方的迷你刺繡包作成了鑰匙圈。　**02.**匈牙利・卡羅查刺繡的繡片，決定使用去處之前，先享受作為擺飾的樂趣。　**03.**牆上的層架是小小雜貨的指定席，袖珍的刺繡包並排陳列著。

將手作的樂趣傳達給女兒

在全白空間的對映之下，琥珀色家具與繽紛多彩的刺繡更加鮮明。歲月感恰如其分的舊道具與自製家具友好共存的起居室裡，流逝著恬靜安詳的時光。

透過畢生志業的童謠傳唱交流活動，町田京子小姐有了接觸匈牙利教育與手工藝的機會，也因此邂逅了東歐刺繡。再加上簡約風格的居家裝潢，讓她萌生了至少該為女兒作些繽紛多彩小物的念頭——這個動機促使町田小姐從匈牙利的古老圖案擷取靈感，不但衍生眾多作品，亦成為町田小姐如今不可欠缺的創作元素。

對町田小姐而言，最近又新增了一項樂趣，那就是與長女杏梨一邊聊天一邊刺繡的時光。「我一直期盼著這天的到來。若能將手作的樂趣與心靈寄託的重要性，一點一滴地傳達給女兒，那就是最令人欣慰的事情了。」

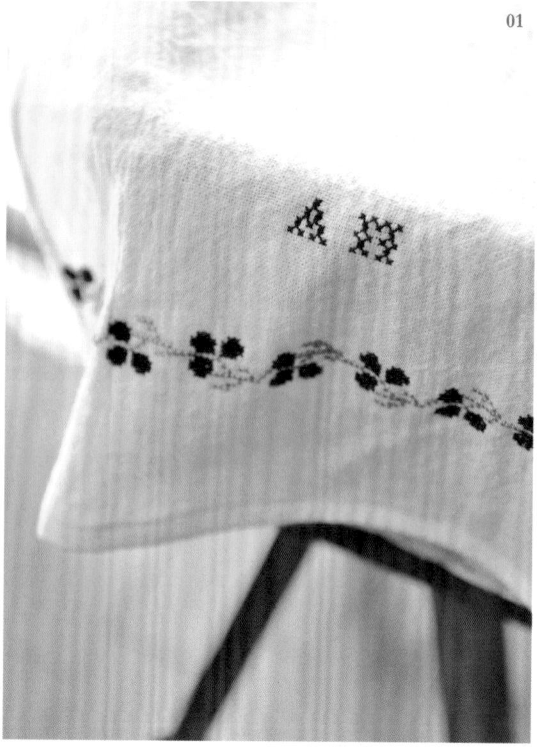

01.妝點姓名縮寫與花邊繡的古董風桌布。
02.將針線與剪刀收納在輕巧的木箱裡，方便隨時作業。　03.相對成雙的紅色×黑色鳥兒。
04.將用色繽紛可愛的卡羅查刺繡繡片，貼布縫於手機袋。　05.單一紅色的繡花化妝包，令人印象深刻。　06.懷舊的幾何圖案針插，是以室內香氛的瓶蓋重新改造而成。

13 町田京子

01.「看著小小的手認真沿著繡圖刺繡的模樣，真是惹人疼愛。」如此表示的町田小姐，為了讓小朋友能夠簡單刺繡，準備了較粗的繡線。
02.杏梨的畫成為色紙袋上最別緻的特色，海馬則是她最愛的圖案。
03.為了招待杏梨的小玩伴而製作的刺繡杯墊。「女兒似乎很高興自己的畫變成作品。」 04.肩並肩一起享受手作的樂趣，一邊聊著當天大小事的美好時光。

01.王冠是最喜愛的圖案之一。　02.小花圖案的花邊繡與Liberty印花布的絕妙搭配。　03.迷你刺繡墊上的原創圖案收錄在《最簡單易懂的十字繡基礎與圖案500》（日本VOGUE社出版）。　04.窗簾腰帶也繡上了小小的花朵。

part.2
在日常生活中加入刺繡

14 西川ゆかり

憧憬復古亞麻的小小刺繡

著迷的契機源自於小小的縮寫字母刺繡——

身為活躍於雜誌與手作活動的刺繡作家，西川ゆかり小姐私底下還是兩個孩子的母親，每天都過著非常忙碌的日子。「原本就很喜歡手作，但真正享受刺繡的起因則是長女的出生。製作女孩子的可愛小物總是相當愉快……」

偶然間引起我注意的，就是有著典雅字母繡的復古洋裝與廚房清潔布。

「當我初次見到隨性繡在布作上的細膩字母繡時，眼前一亮的想著『竟然有如此可愛的刺繡！』立刻著手試著刺繡之後，可愛的成品隨即讓我徹底沉迷其中！」

自此之後，更是逐漸被各種纖細的刺繡圖案吸引，直到現在已經能夠親手繪製原創圖案。在親手製作的居家物品加上小巧刺繡，為日常平添生活情趣。

01

01.隨性組合古典風刺繡圖案的抱枕。
02.最近開始對十字繡產生興趣的長女英里奈。「像這樣和女兒並肩刺繡的日子能夠到來，簡直就像是作夢般！」

02

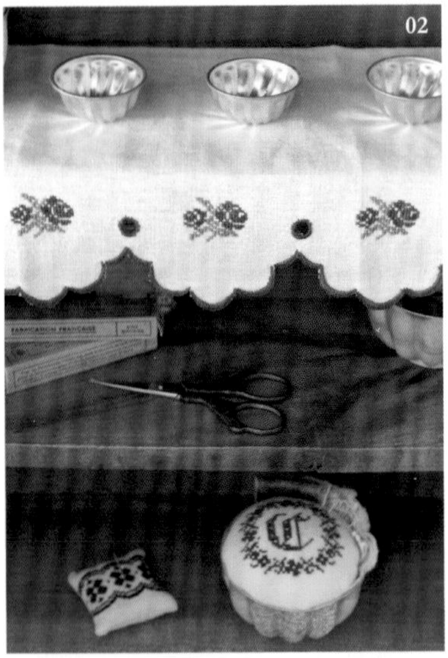

01.將不再使用的會議桌作為工作台，同款的紅酒箱代替抽屜。 02.在櫥櫃飾巾的扇形飾邊繡上可愛的玫瑰，這是西川小姐刊載於日本版《Stitch刺繡誌vol.14》（日本VOGUE社出版）的原創作品。 03.作品與雜貨一起擺飾，隨時都能欣賞。 04.復古的收納格抽屜，可讓內容物一目瞭然，最適合用來整理蕾絲或刺繡線等材料。 05.心愛的外文手作書，光是翻閱就令人感到幸福。
http://www.eonet.ne.jp/~cercle/

14 西川ゆかり

01.繡有波浪狀小花圖案的可愛小包，是刊載於《花朵刺繡的布小物》（日本VOGUE出版）的原創作品。 02.試作品的斜背包，目前作為平日使用包。 03.人氣作品之一，施以細緻刺繡的口金包。將完成的作品暫時拿來裝飾，十分賞心悅目。 04.白線刺繡的小桌布給人秀麗整潔的印象。「最近不僅著迷於十字繡，緞面繡也很吸引我。」 05.經典商品口金包項鍊。以小小的世界為舞台進行設計，構思過程是件愉快的工作。

15 淺賀菜緒子

運用自然元素
設計出自我風格

靜謐氛圍的簡潔客廳裡，
紅色沙發是愛貓Nene最喜
歡的貴賓席。

01.黑白分明的「Odette tree」針插，是淺賀小姐的代表作之一。　02.以深邃鮮豔藍色、優雅柔和粉紅色來描繪玫瑰的手帕，主題是「專為特別之日的淑女準備的手帕」。　03.畫框內的絹線刺繡，是以《天鵝湖》為概念設計。　04.著作《誕生自童話的物語刺繡＆懷舊風布小物》（文化出版局出版）封面草案的刺繡。以最愛的《祕密花園》為題材，在鑰匙孔繡上了串珠，詮釋出特別的感覺。

喜歡優良傳統秉持的古老而美好的溫暖

古典家具與裝飾其間的精緻刺繡小物，陳設在明亮的起居室裡。「喜歡自然元素」的淺賀菜緒子小姐親手刺繡的作品，總是帶著成熟洗練的氛圍。

從小就喜歡手工藝和動手製作物品，服飾專門學校畢業後進入和服店工作，並因此深受絹線刺繡之美所吸引，進而成為開始學習日本刺繡的契機。

「不論是家具或和服，這些讓人們長年珍惜使用的物品，或留存著人們手作溫度的設計，我都喜歡。」淺賀小姐如此表示。創作靈感大多是擷取自和服、古繪本、圖鑑等，此外也經常從食器、甜點的包裝紙、在美術館或博物館欣賞的作品、電影或是閱讀的故事等日常生活中湧現。「今後也想繼續創作，展現四季變遷與植物之美的纖細感，並且在玩賞之時令人內心悸動不已，使人長久喜愛的作品。」

01.在格紋布上施以皺褶繡，完成充滿復古風情的圍裙。　02.復活節兔的茶壺保溫套組，靈感來自古老繪本的一幕場景，「以輪廓繡完成的簡潔風」。　03.日本歌鴝與花朵是淺賀小姐最擅長的圖案。　04.日照充足的窗邊，是最理想的刺繡場所。　05.珍藏的花朵畫冊與古老繪本。

http://pontomarie.petit.cc/

01.特地為心愛的和服親手製作搭配用的帶留腰釦。　02.梅、竹、紅葉……依據時節元素構思每個月的圖案，成套的季節帶留陳列在漆器食盒裡，宛如可愛的和菓子。　03.以日本刺繡技法繡製的鹿與胡枝子花，呈現絹線刺繡獨具光澤的美感。　04.日本刺繡使用的絹線與工具。　05.豐富多彩的絹線都珍惜地收納在透明的盒子裡。

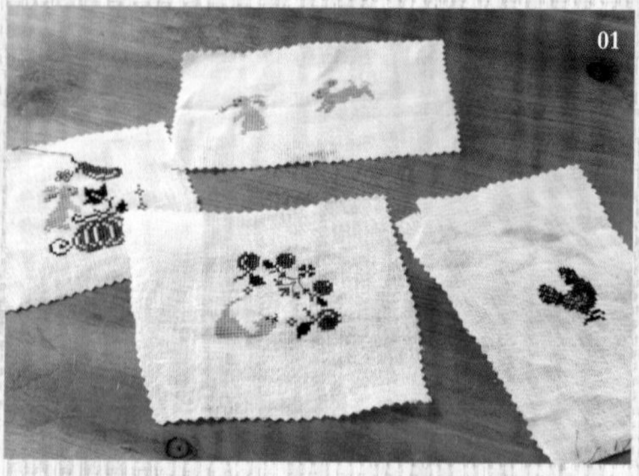

Paris report 03

拜訪巴黎的十字繡設計師

Perrette Samouiloff 專訪

前往巴黎郊外，
拜訪在日本也擁有眾多粉絲的
Perrette Samouiloff小姐自宅兼工作室。

Perrette Samouiloff
貝蕾塔・薩摩依洛芙

十字繡設計師。擅長描繪孩童與動物的可愛圖案而大受歡迎，粉絲遍及全世界。在法國的雜誌與書籍發表設計繡圖之外，也參與市禬材料包或圖案組合的設計。

01.Perrette小姐設計的作品，刊載於書中的十字繡樣本。 02.工作室的書櫃裡擺滿了至今出版與參與製作的雜誌、書籍。

從織品設計師到十字繡設計師

以孩童與動物為主要設計圖案，造型風格可愛而廣受歡迎的Perrette Samouiloff小姐，不但活躍於法國刺繡雜誌與書籍，在日本也擁有為數可觀的支持者。原本是一名兒童織品布料設計師的她，在因緣際會之下與刺繡雜誌編輯相識，於是開始了十字繡的設計之路。

位於巴黎郊外的工作室有著明亮開放的空間。除了自己參與的雜誌、書籍與樣本創作之外，喜愛的繪畫或餐具也錯落有致的裝飾其中。

「我致力於創作的動力來源，是為了讓喜愛我的粉絲們，能夠藉由我所設計的圖案，享受刺繡的樂趣。」Perrette小姐如是說。操作著電腦進行設計的她，有時依照企劃設定的主題構思，有時配合季節創作。

工作以外的時間，Perrette小姐喜歡四處逛逛展覽會或是書店。充分沉浸在喜愛的事物，度過身心舒暢的愉悅時光，想必這就是Perrette小姐總是創作出充滿魅力圖案的祕訣吧！

作為工作室使用的房間。左側的白色櫥櫃裡，擺飾著喜愛的食器與舊玩偶。

02

01

04

03

01.放置縫紉用具的工作台，以及Perrette小姐的作品。
02.繡著小鳥與花環的可愛婚禮戒枕。這些都是曾經刊載於書籍中的作品。 03・04工作中的Perrette小姐。使用電腦設計繡圖，之後再列印確認完成圖。

01.甜點圖案針插的渾圓外型令人愛不釋手。
02.在市售的杯墊繡上了最喜歡的蝴蝶結圖案。

part.2
在日常生活中加入刺繡

16 鈴木真紀

喜歡可愛繽紛的甜點圖案！

使用帶著幸福色彩的圖案 豐富整個居家空間

來到鈴木真紀小姐的住家，從打開玄關門的那一瞬間開始，就像是走入寬廣的外文書世界。通風良好的起居室裡，和煦的陽光輕輕搖曳著。

從水龍頭到壁紙的挑選，處處嚴選堅持理念的夢想自宅裡，妝點著親手製作的窗簾與抱枕套等布製家飾。屋內隨處可見品味絕佳的刺繡相框及布作小物，自然地融入洋溢著法式風情的室內裝潢，紫丁香與薰衣草的輕柔色調，讓整個空間彌漫著優雅的氣氛。

若找不到想要的家飾用品，就會忍不住親手製作的鈴木小姐。「這樣就可以依照想像中的規劃逐步完成，而構思設計的整個過程也很有趣。蝴蝶結與甜點、字母繡與芭蕾圖案等等的組合，只要在布作小物繡上自己喜歡的圖案，世界上唯一的原創商品就完成了！」

02

01

04

01.隨著季節更迭享受時令風情的玄關展示區。「以原色繡線在淺褐色的亞麻布上刺繡。是我最喜歡的組合。」 02.為了新居特地準備的十字繡抱枕套，從搬家前就開始一點一點的進行，圖案全都是原創設計。 03.宛如歐美雜誌般的餐廳。「我喜歡粉紅色或薰衣草等柔和的色系。」 04.在充滿春意的餐墊繡上了甜點圖案。「甜點上的鮮奶油是從一本喜歡的外文書學來的。蝴蝶結則是參考外國分享的免費圖案。」

03

02

03

01

01.繽紛多彩的兒童房！ IKEA的收納櫃門也以薰衣草色漆出條紋。
02.繡著長男出生日期與英文字母的誕生紀念繡品。 03.「兒子剛開始學步時，用來裝童鞋的束口袋，連蕾絲也是親手編織的精心力作。」
04.裝飾在洗手間窗邊的字母繡樣本，是開始刺繡不久時，完成的材料包作品。 05.擺飾在化妝間的小繡品。「最初是預定放入相片，但最後改以家族成員名字的字母繡裝飾，營造出更加典雅的氛圍。」

05

04

03

01

02

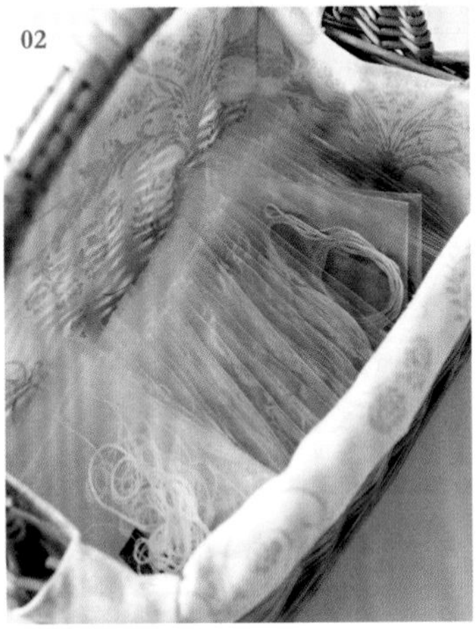

01.具有很多抽屜的木製收納架，非常方便收納緞帶或繡線等材料。 02.分成小份的繡線收納在塑膠夾鍊袋內，放入附有把手的提籃內，即可輕鬆移動拿取。 03.灑落明亮陽光的餐廳，常常在這裡一邊與小孩聊天，一邊開心的進行刺繡。 04・05創作時參考的外文圖案集。「甜點圖案或蕾絲花樣等，有很多我喜歡的樣式！」

05

04

17 田村里香

結合布作嬰兒用品與色彩粉嫩的可愛刺繡

以粉嫩色調彩繪的寢室，牆面是丈夫親手DIY油漆的。

03

01

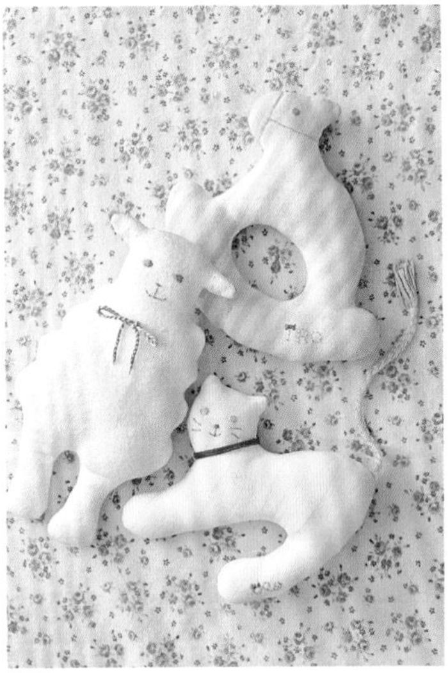

02

01.在懷孕期間一件件縫製累積的圍兜，熱衷到自己都數不清作了幾件的程度。每一件的設計都別出心裁，加上可愛的刺繡。　02.嬰兒專用的玩具是店裡的人氣商品。「貓咪抓握玩具是為了喜歡玩線繩的女兒，所精心構思的新作品。」　03.Puff Sleeeve的小洋裝，是參考在法國買的古典洋裝設計而成。「因為想要盡可能穿久一點，所以在縫紉方式上下了很大工夫，作了後面可以調整尺寸的設計」。

小小的刺繡裡
縫入了滿滿的愛

以手作創作者的身分親手製作刺繡、編織作品，活躍於手作圈的田村里香小姐。自十年前成立工作室兼商店「tam-ram」以來，始終專注於嬰兒雜貨的製作。

「原本就很喜歡嬰兒相關的圖案，雖然早先就在從事嬰兒用品的製作，但是當女兒出生，實際上親自照料小孩之後，生活中不時就會出現『真想要這樣的用品呢』、『怎麼才能讓她開心呢？』諸如此類的想法，讓我更能夠貼近使用者的立場來製作物品。」

懷孕期間一點一滴累積縫製的用品，每一件都充滿了母愛。生產之後也會趁小孩午睡的時間持針繡縫，享受手作的樂趣。「使用縫紉機一眨眼便能完成的工作，手工縫製時卻要花費超乎想像的時間。即便如此，一邊想著女兒的笑容一邊運針縫紉，對我而言依然是無比幸福的時光。相信爾後只要時間許可，還是想要親手為她製作更多物品。」

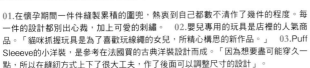

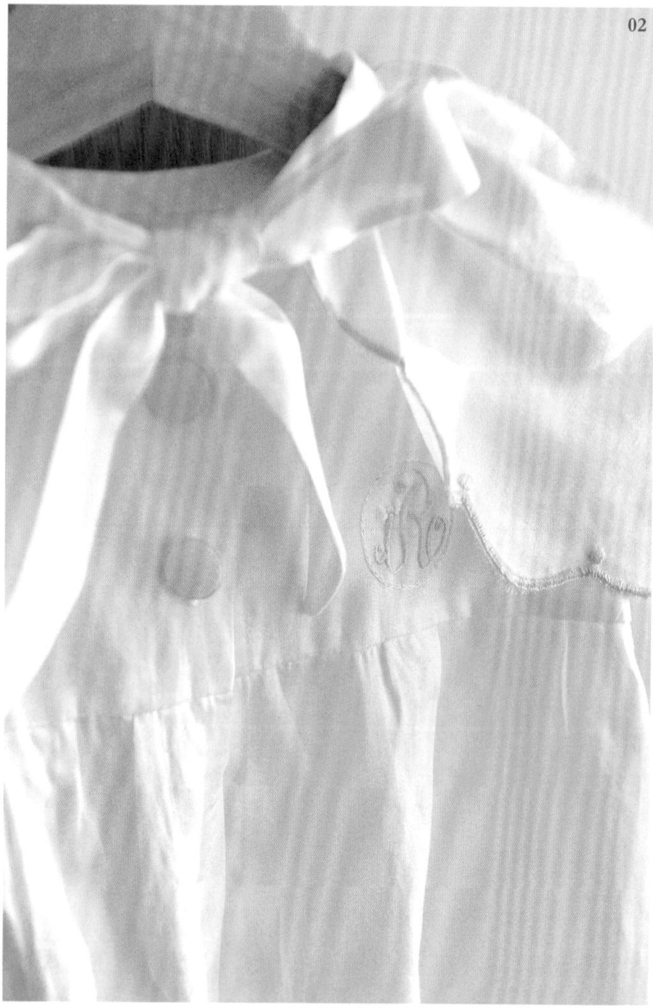

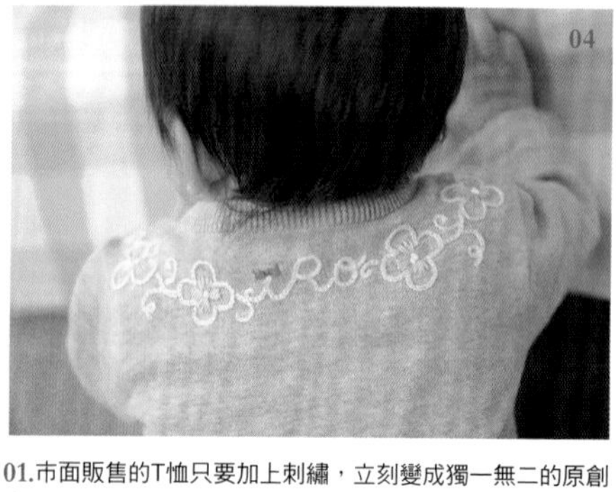

01.市面販售的T恤只要加上刺繡，立刻變成獨一無二的原創商品。 02・05為了前往寺廟進行新生兒祈福，努力縫製的小洋裝、披肩、帽子與嬰兒鞋四件套組。奶白色的棉緞加上了淺粉紅的扇形勾邊，再仔細繡上水玉花樣。 03・04將市售的素色開襟外套重新改造；縫上鈕釦，在衣襬加上荷葉邊，沿著領口不但有可愛的花朵刺繡，背後還繡了名字！

17 田村里香

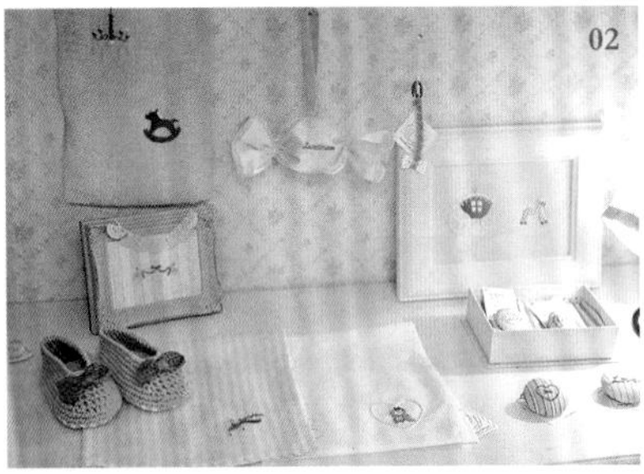

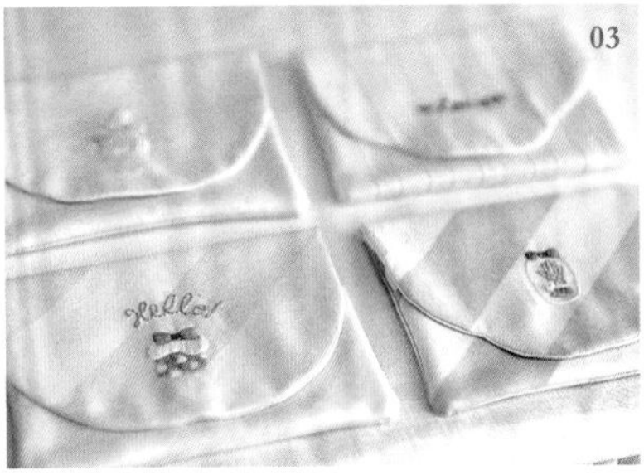

01.田村小姐親手縫製的刺繡小物，每一件都是柔和的粉彩色調。很適合作為小孩出生或結婚等喜慶贈禮。　02.自商店開幕以來，田村小姐一直持續創作著嬰兒與女孩專用的物品，店內滿是刺繡與毛線等手作雜貨。　03.原創布料加上重點刺繡製成的迷你小包，是人氣的招牌單品。　04.以兒童房為概念的展示區。位於大阪市內一棟平凡舊大樓的一角，宛如閣樓房間般的工作室兼店鋪，不時還會舉辦刺繡教室。
http://tamram.exblog.jp/

古樸的鉛字收納架，
上面擺放著裁縫用具
與親手作的針插。

part.2
在日常
生活中
加入刺繡

18 井崎美穗子

貼近生活的
簡單十字繡小物

01.尚未完成的刺繡與布片統一收納於藤籃，置於餐廳一角。　02.結合刺繡與蕾絲的防塵布，讓市售竹籃立刻美麗變身。

因為與十字繡的邂逅
讓我對手作開始感興趣

「我很喜歡將日本的舊家具與歐洲細緻的古董雜貨組合在一起。」井崎小姐說。「純和風感覺起來太過素雅沉悶，全部西洋風情又會過於甜美……但只要稍微混搭不同風格的物品，常常就會獲得意想不到的絕妙效果。」

　而井崎小姐居家生活中絕對不可或缺的家飾品，就是自然隨性點綴其中的刺繡小物。「黑白色調的刺繡成品會給予人雅致的印象，與我家室內陳設的風格完全吻合。因此等我回過神來才發現，不知不覺間自己所選的繡線全都是黑色與白色。」井崎小姐之所以開始對刺繡感興趣的契機，是因為擁有了自己的房子。在這之前，她既不擅長使用縫紉機，各式手作更是幾乎完全不曾作過。「在一針又一針的持續動作中，看著圖案逐漸成形，讓我內心感到莫名喜悅，漸漸也終於能夠創作出屬於個人風格的圖案構成。因為十字繡，讓我體會到了手作的樂趣。」

02

01

05

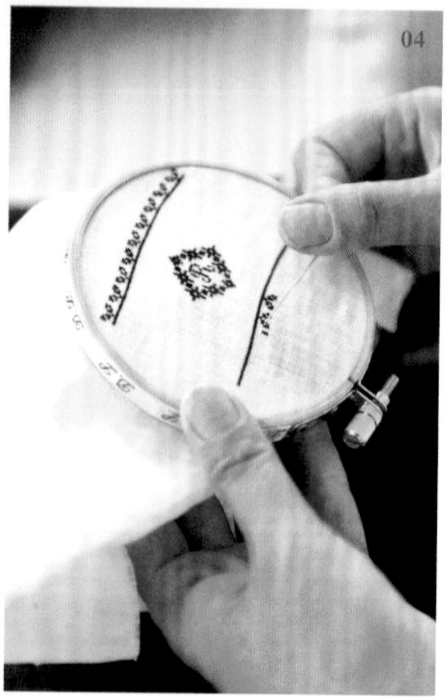

04

03

01.黑白色調的樣本刺繡和舊家具的完美搭配。　02.愛用的數位相機袋。「最近也對Drawn thread work抽紗刺繡很感興趣！」　03.客廳沙發就是井崎小姐的工作室。在家人熟睡的深夜裡，一個人靜靜地享受刺繡時光。　04.貼著字母飾帶的刺繡框是友人贈送的禮物。　05.以竹編食盒收納縫紉用具，放入針線後可以隨身攜帶，是十分恰到好處的尺寸。「只要有針、線，隨時都能開始刺繡，真是令人開心呢！」

01.玻璃櫃的抽屜裡收藏著心愛的蕾絲花片。「光是欣賞就能感到幸福，是我珍藏的寶物。」 02.這是page 132桌上小抽屜的內部，「真的很喜歡這類小古董。」 03.每當新作推出時，玻璃櫃內的陳設也會跟著替換，結合樂譜、外文書，以及乾燥花等元素，是井崎小姐最喜歡的裝飾方式。 04.樓梯下方的區域收納了縫紉相關的各種雜貨。小型家具較不受場地限制，搭配的自由度也更大。

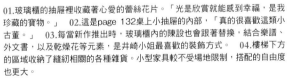

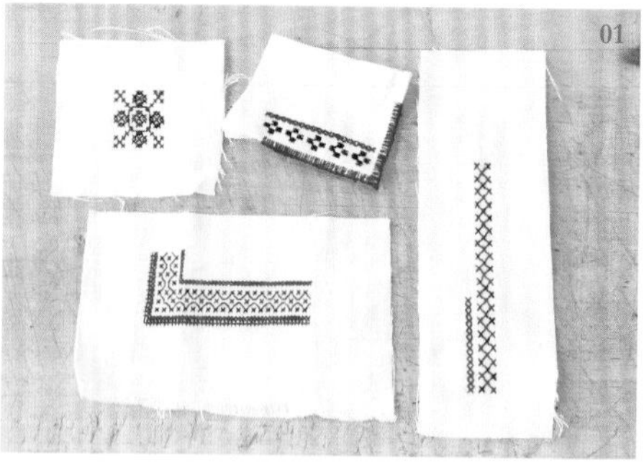

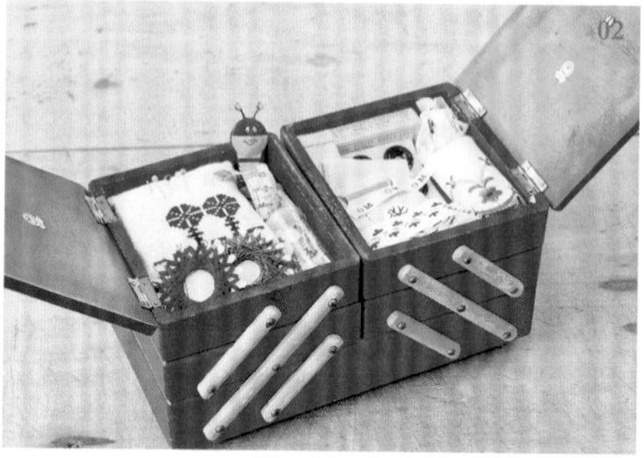

01.創作作品時不可欠缺的試繡布片。 02.令人聯想到玩具箱的針線盒，鮮紅色的盒身讓她一見鍾情。「雖然不大，但足夠的收納容量令人滿意。」 03.櫥櫃飾巾上精細的十字繡，是參考斯洛伐克的古老圖案集而來。「黑×紅，是我近期最喜歡的配色。」

part.2 在日常生活中加入刺繡

19 小田志保

想要如旅行般輕鬆愉快的刺繡！

黑×紅的幾何圖案特別吸引我

宛如外國兒童房般色彩繽紛，且莫名有著懷舊氛圍的工作室，十分適合進行小田志保小姐喜愛的東歐及北歐手工藝。「我從小就特別喜愛老舊物品或是復古物品，高中時代總是頻繁出入熟人經營的古董店。在那裡入手的一只皮革手提箱，就曾實際在旅行時派上用場呢！」

經常從旅遊相關事物中擷取靈感的小田小姐，也曾經和意氣相投的朋友共同經營買賣海外古董與手藝材料的網站。「透過不斷接觸各式各樣雜貨的經驗，逐漸對刺繡產生了興趣，其中最吸引我的，正是黑×紅的幾何圖案。一邊看著國外的古老圖案集，一邊沉浸於刺繡的過程充滿了樂趣。」

遠從法國、荷蘭，以及尚未前往過的東歐國家渡海而來的雜貨，具有美感地陳列在房間裡，在這空間內平靜運針的片刻，對小田小姐而言是最快樂的享受。

01.坐在陽光灑落明亮窗邊的工作桌旁，一邊逗逗愛犬小美一邊運針繡縫，就是小田小姐的日常刺繡一景。　02.抽屜裡放著喜愛的花線。03.將布樣與蘑菇造型的蠟燭掛在牆壁上。「只要被繽紛的色彩包圍著，就會感覺精神十足。」　04.以最愛的各色布品來布置電腦桌。換上手作椅套的椅子也可以搭配工作桌使用，是因此特地選購的。
http://www.ameniwa.jp/

02

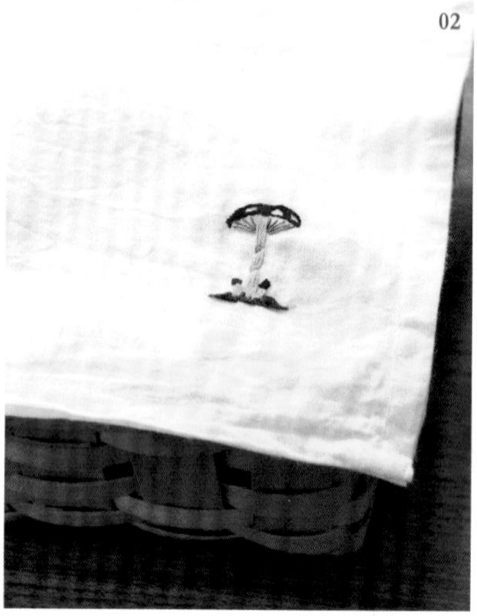

03

01

01.理想的房間就是荷蘭風的兒童房。仔細一看，房間裡到處都擺放著蘑菇造型小物。
02.在市售手帕繡上紅色的蘑菇圖案，作為籃子的防塵罩來使用。　03.以蘑菇造型的莉莉安編織器為首，喜愛的手藝材料全都陳列在透明的醫療櫃中，宛如一處小雜貨店。「為了能隨時觀賞，所以放置在房間裡的貴賓席。」

01.尚未完成的刺繡，統一收納在附有把手的提籃裡。　02.出國時找到的紀念品雜貨，與布品或手藝材料一同陳列著。最上方的畫作是蜜月旅行時，走訪法國「馬諦斯的教堂」購買的。　03.將色彩鮮豔的蘑菇刺繡裱框，作為角落處的吸睛焦點。宛如一幅濃墨重彩的畫作。　04.老舊的玻璃盒裡，井然有序地擺放著古董縫紉用品。　05.作為刺繡參考書籍的斯洛伐克古老圖案集。

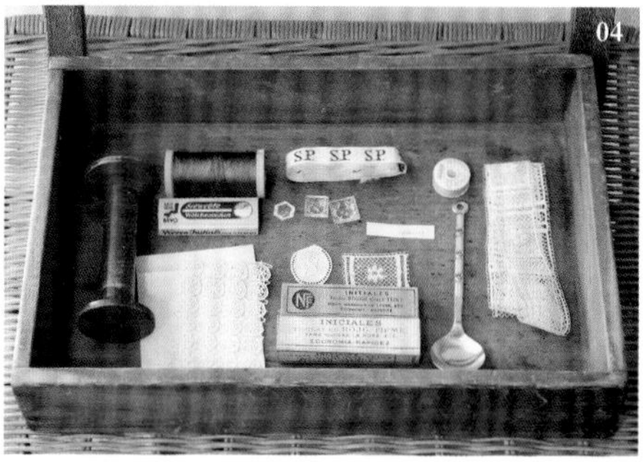

Stitch刺繡誌10

Stitch刺繡誌
彩色の刺繡季節：
手作人最愛の好感居家提案優雅風

戶塚刺繡VS回針繡的應用

授權：日本VOGUE社
定價：380元

Stitch刺繡誌07

Stitch刺繡誌
刺繡人×夏日色彩學：
私の手作
COLORFUL DAY ──

彩色故事刺繡VS手感瑞典刺繡

日本VOGUE社◎授權
定價380元

Stitch刺繡誌08

Stitch刺繡誌
手作好日子！
季節の刺繡贈禮計劃：

連續花紋繡VS極致鏤空繡

日本VOGUE社◎授權
定價380元

Stitch刺繡誌09

Stitch刺繡誌
刺繡の手作美
春夏秋冬の優雅書寫：

簡易釘針繡VS綺麗抽紗繡

日本VOGUE社◎授權
定價380元

Stitch刺繡誌特輯 01

手作迷繡出來！

一針一線×幸福無限：
最想擁有の刺繡誌人氣刺繡
圖案Best 75

日本VOGUE社◎授權
定價380元

Stitch刺繡誌特輯 02

完全可愛のSTITCH
人氣繪本圖案100：

世界旅行風×手感插畫系×初心十字繡

日本VOGUE社◎授權
定價450元

Stitch刺繡誌特輯 03

STITCHの刺繡花草日季：
手作迷の私藏刺繡人氣圖案100+

可愛Baby風小刺繡×春夏好感系布作

授權：日本VOGUE社
定價：450元

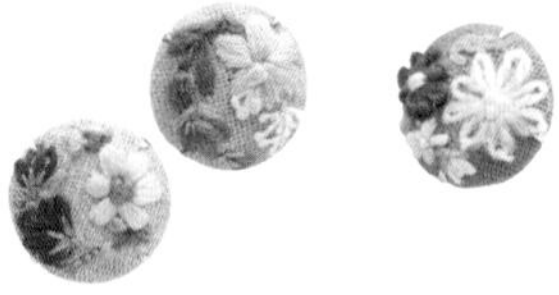

Stitch 刺繡誌

愛刺繡，愛生活！

好評發售中！

Stitch 刺繡誌01

Stitch 刺繡誌
花の刺繡好點子：

80+春日暖心刺繡×可愛日系嚴選VS北歐雜貨風定番手作

日本VOGUE社◎授權
定價380元

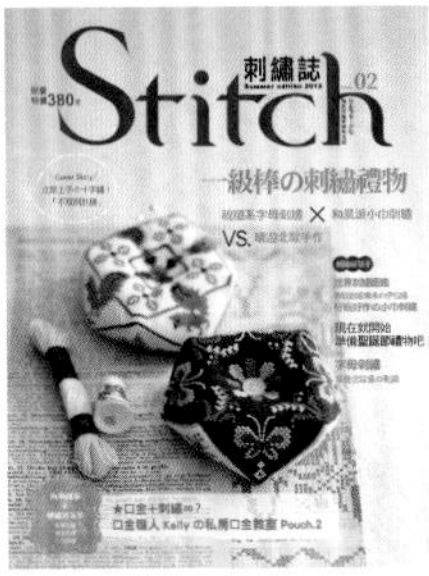

Stitch 刺繡誌02

Stitch刺繡誌
一級棒の刺繡禮物：

祝福系字母刺繡×
和風派小巾刺繡VS環遊北歐手作
日本VOGUE社◎授權
定價380元

Stitch 刺繡誌03

Stitch 刺繡誌
私の刺繡小風景——
打造秋日の手感心刺繡：

幸福系花柄刺繡×
可愛風插畫刺繡VS彩色刺子繡

日本VOGUE社◎授權
定價380元

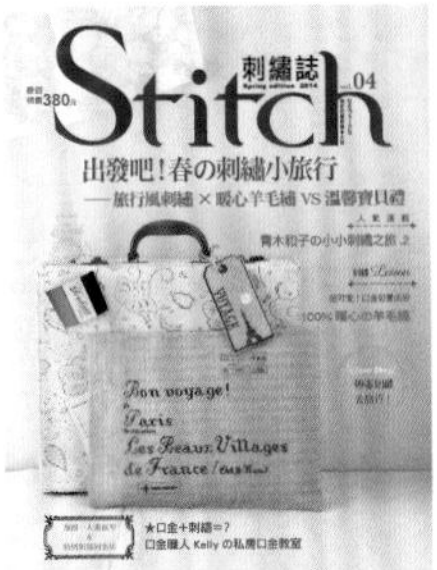

Stitch 刺繡誌04

Stitch刺繡誌
出發吧！
春の刺繡小旅行——

旅行風刺繡×
暖心羊毛繡VS溫馨寶貝禮

日本VOGUE社◎授權
定價380元

Stitch 刺繡誌05

Stitch刺繡誌
手作人の刺繡熱：

記憶裡盛開的花朵青春——
可愛感花朵刺繡×
日雜系和風刺繡VS優雅流緞帶繡
日本VOGUE社◎授權
定價380元

Stitch 刺繡誌06

Stitch刺繡誌
繫上好運の春日手作禮
刺繡人の祝福提案特輯 ——

幸運系紅線刺繡VS實用裝飾花邊繡

日本VOGUE社◎授權
定價380元

愛刺繡08

氣質手作・珠繡緣飾

Lesson One：刺繡×串珠×晶亮

花樣130 全圖解愛藏版

作者：CRK design・遠藤安子

定價：350元

19×26cm・88頁・彩色+單色

愛刺繡09

青木和子の刺繡日記

手作人の美好生活四季花繪選

作者：青木和子

定價：350元

21×26cm・88頁・彩色+單色

愛刺繡10

小倉緞帶繡のBest Stitch

Collection：愛藏決定版！

新手必備の基礎針法練習BOOK

作者：小倉ゆき子

定價：380元

21×26cm・104頁・彩色+單色

愛刺繡11

十字繡聖經

手作人の完美刺繡典藏Bible

作者：Valérie Lejeune

定價：1200元

19.5×26.5cm・712頁・彩色+雙色

愛刺繡12

可愛手作・珠繡緣飾Lesson

Two：刺繡×串珠×可愛圖案&

美麗花樣112 全圖解愛藏版

作者：CRK design・遠藤安子

定價：350元

19×26cm・88頁・彩色+單色

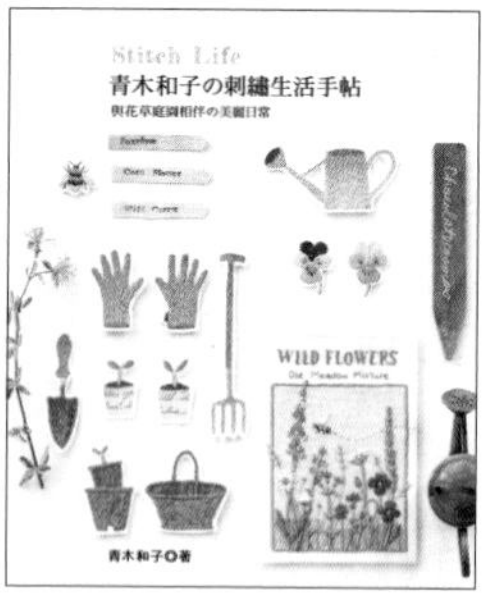

愛刺繡13

stitch life 青木和子の刺繡生活

手帖：與花草庭園相伴の美麗日常

作者：青木和子

定價：380元

21×26cm・96頁・彩色+單色

EB 新手作

趣・手藝 65

一學就會の立體浮雕刺繡

可愛圖案集

作者：アトリエ Fil

定價：320元

21×26 cm・80頁・彩色

趣・手藝 67

從可愛小圖開始學縫十字繡

作者：大図まこと

定價：280元

21×26 cm・96頁・彩色

趣・手藝69

清新・自然～

刺繡人最愛的花草模樣手繡帖！

作者：點與線模樣製作所・岡理惠子

定價：320元

21×26cm・88頁・彩色+單色

捻針線
描繡圖

享受細膩平靜的 刺繡時光

雅書堂

愛刺繡01
青木和子的花草刺繡之旅
作者：青木和子
定價：320元
19×24.5cm・96頁・彩色+單色

愛刺繡03
青木和子の花草刺繡之旅2
清秀佳人的幸福小島
作者：青木和子
定價：320元
21×26cm・92頁・彩色+單色

愛刺繡04
獻給手作小文青！
100%好玩の創意紙刺繡
作者：atsumi・千葉美波子・
神尾茉利
定價：350元
19×24cm・120頁・彩色+單色

愛刺繡05
花現刺繡の美好時光
超人氣！法式甜蜜布小物
授權：日本Vogue社
定價：380元
21×26cm・112頁・彩色+單色

愛刺繡06
小可愛手作！馬卡龍×小刺繡の
幸福練習簿
230枚圖案×Macaron・胸針・布小物
授權：日本Vogue社
定價：350元
21×26cm・96頁・彩色+單色

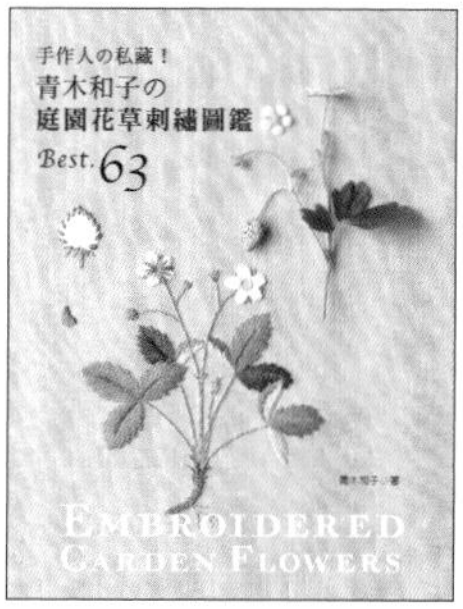

愛刺繡07
手作人の私藏！青木和子の
庭園花草刺繡圖鑑BEST.63
作者：青木和子
定價：350元
19×26cm・96頁・彩色+單色

國家圖書館出版品預行編目資料

從針線盒至工作室：31人的刺繡Life / 日本Vogue社編著；彭小玲譯.
-- 初版. -- 新北市：雅書堂文化, 2017.04
面；　公分. -- (愛刺繡；14)
ISBN 978-986-302-360-9(平裝)

1.刺繡

426.2　　106002737

愛｜刺｜繡｜14

從針線盒至工作室
31人的刺繡Life

作　　者／日本Vogue社
發 行 人／詹慶和
總 編 輯／蔡麗玲
譯　　者／彭小玲
執行編輯／蔡毓玲
編　　輯／劉蕙寧・黃璟安・陳姿伶・李佳穎・李宛真
執行美編／陳麗娜
美術編輯／周盈汝・韓欣恬
內頁排版／造極彩色印刷
出 版 者／雅書堂文化事業有限公司
發 行 者／雅書堂文化事業有限公司
郵政劃撥帳號／18225950
戶　　名／雅書堂文化事業有限公司
地　　址／220新北市板橋區板新路206號3樓
電子信箱／elegant.books@msa.hinet.net
電　　話／(02)8952-4078
傳　　真／(02)8952-4084

2017年04月初版一刷　定價450元

31 NIN NO SHISHUU LIFE（NV70317）

Photographer: Yukari Shirai, Fujio Onishi, Ayako Hachisu, Tae Moriwaki, Motokazu Kidani, Koichi Yamaguchi, Hiroyuki Isogane, Hiroshi Kiyonaga, Kai Hirata
Original Japanese edition published in Japan by Nihon Vogue Co., Ltd.
Traditional Chinese translation rights arranged with Nihon Vogue Co., Ltd.
through Keio Cultural Enterprise Co., Ltd.

總經銷／朝日文化事業有限公司
進退貨地址／新北市中和區橋安街15巷1號7樓
電話／(02) 2249-7714　傳真／(02) 2249-8715

Staff／日文原書製作團隊
書籍設計　橘川幹子
攝影　白井由香里
大西二士男（p.70-73, 86-89, 106-117, 128-139）
蜂巣文香（p.34-37, 54-57, 62-69, 82-85）
森脇多絵（p.74-77, 98-101, 122-123）
木谷基一（p.78-81, 102-105）
山口幸一（p.94-97, 124-127）
磯金裕之（p.24-27）
清永 洋（p.90-93）
平田かい（p.118-121）
構成・取材　後藤綺子 réalisation：Ayako GOTO（p.74-77, 98-101）
採訪協力　森脇多絵（p.122-123）
編輯・構成　梶 謠子
主編　佐々木 純